今日からはじめて、**月10万円**稼ぐ

アフィリエイトブログ入門講座

鈴木太郎
染谷昌利

SB Creative

本書に関するお問い合わせ

この度は小社書籍をご購入いただき誠にありがとうございます。小社では本書の内容に関するご質問を受け付けております。本書を読み進めていただきます中でご不明な箇所がございましたらお問い合わせください。なお、ご質問の前に小社 Web サイトで「正誤表」をご確認ください。最新の正誤情報を上記のサポートページに掲載しております。上記ページの「正誤情報」のリンクをクリックしてください。なお、正誤情報がない場合、リンクをクリックすることはできません。

ご質問送付先

ご質問については下記のいずれかの方法をご利用ください。

Web ページより

上記のサポートページ内にある「この商品に関する問い合わせはこちら」をクリックすると、メールフォームが開きます。要綱に従って質問内容を記入の上、送信ボタンを押してください。

郵送

郵送の場合は下記までお願いいたします。

〒 106-0032
東京都港区六本木 2-4-5
SB クリエイティブ　読者サポート係

■本書内に記載されている会社名、商品名、製品名などは一般に各社の登録商標または商標です。本書中では®、™マークは明記しておりません。

■本書の出版にあたっては正確な記述に努めましたが、本書の内容に基づく運用結果について、著者およびSBクリエイティブ株式会社は一切の責任を負いかねますのでご了承ください。

©2019 Taro Suzuki　　本書の内容は著作権法上の保護を受けています。著作権者・出版権者の文書による許諾を得ずに、
©2019 Masatoshi Someya　本書の一部または全部を無断で複写・複製・転載することは禁じられております。

まえがき

はじめまして。鈴木太郎と申します。私は、ブログメディアを運営しながら、山梨県で宿泊型コワーキングスペース「五番地」の代表をしています。

私は新卒で入社した某ビールメーカーを 2015 年の春に退職し、同年の秋から世界一周の旅へと出発しました。そのときに自分の旅の様子を発信しようとしてはじめたのがブログだったのです。

旅を終えてからはブログのテーマを以前からの趣味であるフィットネスやボディメイクに切り替え、本格的に収益を得ることを目指すようになりました。気がつけばブログ歴は 4 年になり、今ではブログから発生する収入だけで生活できるようになりました。

▶ 本書の対象読者

いま、本書を手に取っている方の多くは、

「アフィリエイトブログで稼げるらしいから試してみたい！」
「空いた時間で副業に挑戦してみたい！」

と考えているのではないでしょうか。
それと同時に、

「私でもできるのかな？」

と不安に思う方もいると思います。
でも安心してください。本書はまさにそうした方を対象にしたものです。私は自分自身がブログを運営するかたわら、初心者の方に向けたブログセミナーを開催しています。セミナーの参加者から学んだ、はじめての人が不安に思うポイントやその対象方法についても解説しています。

3

▶そもそも「アフィリエイト」って何？

詳しくは後述しますが、ここで簡単にアフィリエイトブログの概要を説明します。

アフィリエイトとは、一言でいうと「ブログに広告を掲載し、読者がその広告を見て商品を買うと、みなさんにお金が入る仕組み」です。

本書では、アフィリエイトブログを作成して収益を上げる方法を丁寧に紹介しています。ブログを書いてから、収入を得るまでの大まかな流れは次のようなものになります。

(1) ブログ記事を書いて、広告を載せる
(2) ブログの読者が広告をクリックして商品を買う
(3) 広告主からお金がもらえる

例えば「読んだ本の感想」をブログに書き、その記事の最後にAmazonの商品ページを載せておきます。

その記事を読んだ読者が、記事の最後にある広告をクリックして、Amazonで実際にその本を買うと、一定の割合のお金がみなさまの登録口座に振り込まれます。

記事中のアフィリエイト広告例

▶ラクではないけれど、誰にでもチャンスがある

アフィリエイトブログで成果を出すことはラクではありませんが、一握りのラッキーな人や才能のある人にしかできないことでもありません。私自身、ブログをはじめた当初はパソコンの操作にもあまり詳しくなく、文章を書くことに対しては苦手意識すら持っていました。

そんな私でもこの4年間、毎日のようにブログに向き合ううちに、たく

さんの人に読まれる記事の書き方が少しずつわかるようになってきました。本書ではその書き方やコツを完全公開しています。ラクをして一攫千金を得る方法はありませんが、実践することで確実に稼ぐ力を身につけることができます。

ブログは、パソコンを持っている人なら誰でもはじめることができます。また、チャンスは誰にでもありますし、何度でも挑戦することができるのです。

▶ たががブログ、されどブログ

私は、ブログをはじめたことで生活が一変しました。好きなことをブログで発信することで、その記事が多くの人に読まれ、そこから価値が生まれて収益を生み出し、いつしかそれが私の仕事になりました。

本書では、私が経験したような喜びもお伝えできればと思っています。ブログは誰でもすぐにはじめられるものであり、継続することで収益化することができます。

会社員の月給を数万円増やすのは大変です。何年もの時間と継続的な努力が必要です。会社の業績にも影響されます。

いっぽう、ブログで月に数万円を稼ぐことは、自分の努力次第で叶えることができます。本書のタイトルには「月10万円稼ぐ」とありますが、数十万円、さらには数百万円を稼いでいるブロガーさんも存在します。自分の頑張り次第で成果にこれだけの伸びしろがあるなんて、なんだかワクワクしませんか？

本書には、みなさまがアフィリエイトブログに挑戦する上で必要な情報を本当にたくさん詰め込みました。ぜひ手元に置いて必要なところを2回3回と読み返し、役立てていただければと思います。

みなさまがブログで収益を得ること、ブログを楽しみ、ブログを通して素晴らしい経験ができることを願っています。本書が少しばかりのサポートとなれば何よりも嬉しく思います。

鈴木太郎

CONTENTS

Chapter 1 アフィリエイトブログの基本 ... 13

01 そもそもアフィリエイトってどんなもの？ ... 14
アフィリエイトとは？
アフィリエイトは無料で使えてお金をもらえるすごいサービス
アフィリエイトの種類
どんな人がアフィリエイトをやってるの？

02 ASPについて ... 18
ASPの目的
ブログ運営者向けの勉強会やイベントを開催

03 アフィリエイトブログのメリットって？ ... 20
リスクを負わず安全に挑戦できる
誰でも気軽にはじめられる

04 アフィリエイトでやってはいけない3つのこと ... 22
Blogger Interview（mintoさん）... 24

Chapter 2 ブログをはじめる前に知っておきたいこと ... 27

01 ブログをはじめるには何が必要なの？ ... 28
ブログを書くための環境を準備しよう

02 稼げるまでの期間はどれくらい？ ... 30
ブログで稼ぐのはラクじゃない！
数字が動くまでに3ヶ月はかかる
ブログを宣伝しよう
成功への近道は書き続けること

03 書くことを習慣化しよう ... 33
毎日更新のススメ
継続のコツは、無理をしないこと

04 実名と匿名、どちらがいいの？ 36
私の感じている実名顔出しのメリット
どちらを選んでもアクセス数や収益には影響しない

05 「ブログに書くことがない…」
特別なテーマじゃなくても大丈夫！ 39
ブログに何を書けばいいの？
あなたの「当たり前」が実はスゴイ

06 ブログのジャンルやタイトルを決めよう！ 42
ジャンルを決めると更新がラクになる
好きなことを書き出そう
ブログタイトルを考える

07 アクセスや収益につなげやすいジャンル 47
アクセスを集めやすいジャンル
収益が大きい傾向のジャンル

08 記事に必要な情報は？ 最初に整理しておこう！ 51
書く前に要点をまとめる

09 「悩みを解決する記事」は読まれる 54
人は悩みや問題を解決したい生き物
知人に相談しにくい悩みは特に喜ばれる

10 読者はあなたの主観を求めている 56
感じたことを、理由も含めて書く
感想は包み隠さず率直に
Blogger Interview（ひつじさん） 58

Chapter 3 今すぐできる！ ブログの作り方 63

01 ブログサービスはどれがいい？ 64
「WordPress」とは
なぜWordPressがいいの？
手軽さ重視なら無料ブログサービスもアリ

02 必要な設定と契約を済ませよう！ ……… 68
　独自ドメインを取得する
　レンタルサーバーを契約する
　レンタルサーバーにドメインを設定する
　レンタルサーバーにWordPressをインストールする
　SSLを設定する
　WordPressにテーマを設定する

03 WordPressで記事を書いてみよう ……… 84

04 ASPに登録しよう ……… 88
　A8.netに登録しよう
　他にも登録しておきたいASP

05 Amazonアソシエイトに登録しよう ……… 91
　Amazonで扱っている全商品を紹介できる
　Amazonアソシエイトの審査について

06 楽天アフィリエイトに登録しよう ……… 95
　楽天アフィリエイトはジャンルが広い
　楽天アフィリエイトの利用登録

07 記事中にアフィリエイト広告を配置してみよう ……… 97
　Amazonアソシエイトの広告を配置する
　楽天アフィリエイトの広告を配置する
　A8.netの広告を配置する

08 データ検証ツールを導入しよう！ ……… 104
　Google Analyticsの導入
　Google Search Consoleの導入
　Blogger Interview（ぶんたさん） ……… 112

Chapter 4　ブログのアクセス数や収益を増やす（基本編）　115

01 毎日1％の変化と学習曲線 ……… 116
　毎日1％の努力によって変わる世界
　学習曲線と学習高原

02 質のよい記事とはどんな記事？ 119
　読者は何が知りたくて検索するのか
　相手に合わせて説明する

03 読者像（ペルソナ）を絞り込む 121
　リアルな読者像を設定する
　「広く浅く」より「狭く深く」

04 悩みやコンプレックスは収益化の糸口になる 124
　マイナスをプラスに変える
　あなたの悩んだ経験が武器になる

05 自分のプロフィールを作成する 127
　読者に自己紹介しよう

06 お問い合わせフォームを設置する 129
　読者や企業とコンタクトが取れる状態にしよう
　プラグイン「Contact Form 7」を使って簡単設定

07 ブログの更新頻度はどのくらいがベスト？ 134
　毎日更新してブログを習慣にしよう
　ブログが育ってきたら、頻度よりも質を優先に

08 アクセス数と収益は必ずしも比例しない 136
　アクセス数が少なくても収益化は可能
　Blogger Interview（おおきさん） 138

Chapter 5　ブログのアクセス数や収益を増やす（実践編）　141

01 SEOの基礎知識 142
　検索順位を上げるために必要なこと

02 SEO対策① 記事にキーワードを設定する 144
　記事タイトルにキーワードを設定する
　ロングテールキーワードの重要性
　見出しとメタディスクリプションのキーワード
　稼げるキーワードとは？

03 `SEO対策 ②` 記事にカテゴリーを設定する ……… 149
　カテゴリーの設定方法
　カテゴリーの設定基準

04 1記事に何文字くらい書けばいい？ ……… 151
　文字数が多いほうがいいの？
　上位のライバルが参考になる

05 効果的な画像の使い方 ……… 153
　もっと伝わる・説得力のある記事にするために

06 装飾や余白を使いこなして見やすい記事にする ……… 155
　流し読み・拾い読みでも伝わる記事に

07 内部リンクでカテゴリー内の記事をつなげる ……… 158
　内部リンクでもっと記事を読んでもらおう
　内部リンクの設定方法
　読者の次の行動を考える

08 広告の選び方と効果的な設置方法 ……… 161
　ブログに合った広告を選ぼう
　最初は避けたほうがいい広告は？
　はじめての人でも成果を出しやすい広告
　効果的な広告の配置について

09 記事にパーマリンクを設定する ……… 165
　記事のURLを決めよう

10 ブログのデザインはシンプルでOK！ ……… 167
　カッコよさ ＜ 読みやすさ

11 リライトの意味とは？ リライトで見るポイントはここ！ ……… 169
　過去の記事をアップデートする

12 ASPから問い合わせがきたら？ ……… 171
　問い合わせには絶対に返信しよう
　積極的に交流してみよう

13 ブログにASP担当者がつくメリットと上手な付き合い方 ……… 173
　ASP担当者がつくメリット
　ASP担当者との上手な付き合い方

14 ASP担当者と一緒に広告主に提案してみよう ……… 175
　提案は収益を増やすチャンス！
　まずはやってみること

Chapter 6　結果が出ないとき、やる気がなくなったとき　　177

01 アクセス数や収益が上がるまでには時間がかかる ……… 178
　いきなり成果が出るのはレアケース
　手応えを感じられないときは
　続けるためには、楽しくやること

02 目標が高すぎないか ……… 180
　あえて「余裕で実現できそう」な目標を考える
　検索エンジンの仕組み上、最初から数字は伸びない！

03 ブログの書き方や、努力の方向性を確認しよう ……… 182
　記事に必要な情報が含まれているか
　優先するポイントを「量」から「質」へ

04 自分の興味がないテーマに固執していないか？ ……… 186
　興味関心は移り変わるもの
　結局は好きなことを書くのが一番！

05 自己嫌悪に陥る必要はない ……… 188
　ブログは孤独な作業でもある
　モヤモヤの正体を突き止める
　あなたが今、考えるべきこと

06 書けないときは、無理に書かなくてもいい ……… 191
　「やめる」のではなく「一時休止」
　続けるための上手な休み方

Chapter 7　私がブログを通して得たもの、気をつけるべきこと　193

01 働く時間と場所を自由に選べる 194
好きなときに好きな場所で働ける
自由を最大限享受するために

02 収入の増加 196
収入が会社員時代の数倍になった
ラクではないけど無理じゃない

03 能力と自信の向上 198
多角的なスキルが身についた
学んだことを試すおもしろさ

04 誰かの役に立っているという実感 200
嬉しいメッセージは原動力
自分の困った経験が誰かの助けになる

05 発信者となることによる世界の変化 202
さまざまな立場の人と関わるようになった
好きなことが仕事につながった

06 ルール変更に対応する力 204
変更時期や内容は一切わからない
順位が落ちたら、また上げるのみ！

07 収益の分散が必要 207
ブログは検索エンジンに依存するため不安定な面がある
好調なときこそリスクヘッジを考えよう

08 インターネット上のトラブルを避ける 209
誰かの悪口を言ったり、バカにするのはNG
たくさん読まれると予想外の反応も起こる
健全に運営し、堂々と構えよう

　　確定申告コラム（大河内薫さん） 212

　　あとがき 219

アフィリエイトブログの基本

アフィリエイトに対して「難しそう」「よくわからない」といった印象を持っている方も安心してはじめられるよう、最初に「アフィリエイトとは何か」「どうして稼げるのか」といった仕組みから解説していきます。本章は準備運動のようなものですから、気楽に読み進めていってください。

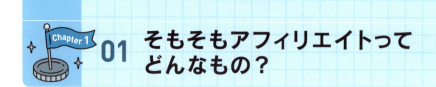

そもそもアフィリエイトってどんなもの？

アフィリエイトとは？

「アフィリエイト（affiliate）」とは、インターネット広告の一種です。ブログやWebサイト上に広告リンクを掲載し、そこから商品が購入されたときに一定額の成果報酬が運営者に支払われます。アフィリエイトの最大の特徴は、**商品が売れた時点で広告料が発生する**という点です。この仕組みから「成功報酬型広告」とも呼ばれています。

アフィリエイトは無料で使えてお金をもらえるすごいサービス

アフィリエイトは無料で使えて商品が売れればお金がもらえるという、ブログ運営者にとっては夢のようなサービスです。

なぜそんなものが無料で利用できるのでしょうか。それは、商品を売りたい「広告主」が、システムの利用料を支払っているからです。企業がお金を払っているため、求職者は無料で使うことができる求人サービスのような仕組みです。

アフィリエイトには、次の4者が関わっています。

- ブログ運営者
- 広告主（ECサイト・オンラインショップ）
- ASP（アフィリエイトサービスプロバイダ）
- 読者

アフィリエイト広告のシステムはASPが提供しています。このASPにはブログ運営者と広告主をつなぐ役目もあり、広告主からシステムの利用料を受け取って、ブログ運営者にアフィリエイトプログラムを提供します。商品が売れた際には、このASPを通してブログ運営者に報酬が支払われます。

アフィリエイトはテレビCMや電車広告と異なり、商品が売れた分だけ広告料が発生するため、「高い料金を払って広告代理店に依頼したのに売れなかった……」ということはありません。宣伝に無駄なコストをかけずに済むので、広告主にとってもメリットがあるのです。

あなた（ブログ運営者）がするべきことは、自分のブログに広告を貼って、商品を紹介するだけです。利用料を払ったり在庫を管理するのは広告主がやってくれるので、リスクを負わずにお金を稼ぐことができます。

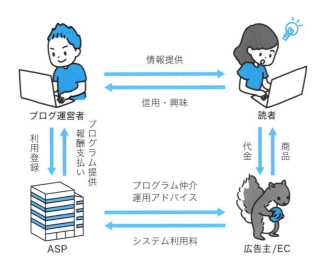

 ## アフィリエイトの種類

アフィリエイト広告は大きく分けて2種類あります。どちらも無料で使うことができますが、紹介する商品の傾向が異なります。

①ASP型

ASPがインターネット上に点在するオンラインショップやサービス提携会社を集約して、商品を売りたい広告主とブログ運営者を仲介するものです。

物品販売以外にも、資料請求やFX口座開設、クレジットカードの申し込みなど、お金と商品のやり取りが生じなくても成果が発生するプログラムも存在します。

②ショッピングモール型

Amazonや楽天などが提供するアフィリエイトプログラムです。こちらは物品販売が中心になります。

まだまだ数多くのASPやアフィリエイトプログラムがあり、それぞれに強みや特徴があります。詳細はChapter 3以降で紹介していきます。

▼ ASP型の例
A8.net（https://www.a8.net/）

バリューコマース（https://www.valuecommerce.ne.jp/）

▼ ショッピングモール型の例
Amazonアソシエイト（https://affiliate.amazon.co.jp/）

楽天アフィリエイト（https://affiliate.rakuten.co.jp/）

どんな人がアフィリエイトをやってるの？

アフィリエイトプログラムは、ブログやウェブサイトを運営している人であれば、誰でも無料で使うことができます。

インターネットでは「アフィリエイトで生活しています！」といった人をよく見かけますが、このように専業でやっている人ばかりではありません。お小遣いを稼ぎたい会社員が副業としてやっていたり、企業が収入源の1つにするべく人員を投入していることも珍しくありません。自宅でできるため、小さな子供がいたり、病気などの理由で外に働きに出るのが難しい人でも収入を得ることができます。

はじめは「インターネットで稼げる」と言われてもピンと来ないかもしれませんが、本書のタイトルにもある**「月10万円稼ぐ」は夢物語ではなく、地に足のついた目標です。**アフィリエイトは最初の1,000円を稼ぐのが一番大変なのですが、そこからは数字が伸びていきます。序盤の難しい時期さえ乗り越えれば10万円どころか、50万円、100万円にも手が届きます。

本書で紹介するアフィリエイトの仕組みは、手順を踏めば誰でも利用できます。

ASPの利用登録、ブログの設定方法もしっかり解説していきますので、パソコンやITにあまり詳しくない方も安心してください。

アフィリエイトの使い方、魅力的な文章の書き方、商品やサービスの探し方、継続のコツなど、本書で一緒に学んでいきましょう。

COLUMN 収入を得る方法の多様化

かつては収入を得るには、会社に勤めたり、勤務時間外にアルバイトをするのが一般的でした。しかし、最近は家にいながらでも、自分の持っている知識やスキルを提供することで、小さいリスクでお金を稼げる時代になりました。アフィリエイト以外にも自分のスキルを生かしてクラウドソーシングで案件を請け負ったり、自作のアクセサリーをネットショップで販売したり、その方法はさまざまです。

先の見えない世の中ですから、会社勤めで生活に困らない収入がある人でも、それ以外に稼ぐ手段を持っておくのはよいと思います。アフィリエイトは初期投資も小さく、特別な知識やスキルがなくてもはじめられる、多くの人に開かれた手段と言えるのです。

02 ASPについて

アフィリエイトという言葉は知っていても、「ASP」についてはなじみのない方もいると思います。p.14でも簡単に触れましたが、ここではもう一歩詳しく解説します。

ASPの目的

ASPは広告主から、アフィリエイトプログラムの月額利用料と、商品が売れた際の手数料を得ています。商品が売れて嬉しいのは広告主やブログ運営者だけではありません。

そのためASPは広告主に対して、「いかに自社のサービスをブログ運営者に取り扱ってもらえるか」「クリックされやすいアフィリエイトリンクやバナーはどのような内容か」「報酬額はどのぐらいの金額にすればいいのか」などのアドバイスや営業活動も行っています。

広告主の商品が売れれば売れるほど、その商品を紹介しているブログ運営者が潤うとともに、ASPも手数料を得られる仕組みになっています。

システム利用のハードルを下げて利用者を増やすとともに、ブログ運営者が商品の紹介に集中できるよう、システムを無料で提供しているのです。

ブログ運営者向けの勉強会やイベントを開催

ASPは小規模な勉強会や、大規模な交流イベントを開催しています。勉強会は毎月のようにテーマを絞ってセミナースタイルで開催され、大規模なイベントは年に1～2回のペースで数多くの広告主と交流を図れるようなスタイルで開催されています。

ブログ運営者は、これらの勉強会やイベントにも無料で参加できます。広告主はブログ運営者に成果を上げてもらうことが自社の利益につながるわけですから、たくさんのブログ運営者に自社の商品やサービスに触れてもらうために、イベントに出展します。

イベント費用も出展する広告主がイベント参加料としてASPに支払うため、ブログ運営者は安心して無料で参加することができるのです。

COLUMN 利用料や制作費、勉強会の費用を求めるサービスには要注意！

　残念ながらアフィリエイトの世界でも詐欺的な情報は出回っています。特に「誰でも今すぐラクして稼げる」といった煽り文句が入っていたら要注意です。要注意どころか100％ NGです。

　インターネット上で高額な教材を提供しているサイトは、「読んでみたい」と思わせる内容になっている場合が多いですが、惑わされないようにしましょう。インターネットで3万円のノウハウ集を購入するのであれば、同ジャンルの書籍を同額分、書店で購入したほうが必ず役に立ちます。役に立たないと感じた場合もメルカリで売ってしまうこともできますので、冷静に判断しましょう。

　アフィリエイトは本来、「誰もがチャレンジでき」「自分の経験を生かして楽しみながら」「継続することで稼げる」ようになる仕組みです。そして一番のメリットはコスト面のリスクが小さいということです。それなのに数万円、数十万円の初期費用を支払うのは本末転倒です。

　とりわけ最初のうちはASP主催の無料セミナーや、第三者の編集が入っていて問い合わせ窓口が明確な書籍などで知識や経験を得ていくことをおすすめします。

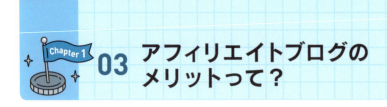

03 アフィリエイトブログの メリットって？

リスクを負わず安全に挑戦できる

　アフィリエイトの一番のメリットは、**リスクを負わずにはじめられる**という点です。

　例えばお店をはじめる場合、物件や内装、商品開発や在庫管理……など、開業資金は少なくとも数百万円はかかるでしょう。そして残念なことに、はじめたお店が繁盛する保証はありません。ビジネスが軌道に乗れば初期費用は回収できますが、そうでなければ大赤字です。

　いっぽう、アフィリエイトブログならば、**0円ではじめることも可能です。本書では機能やデザインにこだわって本格的にはじめることを推奨していますが、それでもかかるコストは年間に1万円くらいです。**うまくいかなくても「飲み会を2回我慢しようかな」程度の損失で済みます。

　あなたが負担するのは上記の費用（無料ブログサービスを使う場合はこれさえも不要です）、そして知恵と労力、これだけです。あなたの知識や体験をわかりやすく文章にして世の中に届けることで、収益を生み出すことができるのがアフィリエイトなのです。

誰でも気軽にはじめられる

　「私には文才がないし…」「何かにすごく詳しくなきゃダメなのかな？」と心配に思う方もいるかもしれませんが、**アフィリエイトに特別な才能や知識は不要です。**この参入障壁の低さも、アフィリエイトの魅力です。

　あなたも日頃、「このアプリはどうやって使うの？」「あのお店に行ったんだ！　美味しかった？　待ち時間はどのくらい？」などと聞かれて、教えてあげたことがあるのではないでしょうか。それをブログ上でやるだけです。

　次のページには、アフィリエイトをする上で必要となる5つのモノ・コトをまとめました。

アフィリエイトに必要なモノ・コト

❶ ブログまたは Web サイト
❷ 銀行口座（アフィリエイトサービス申請者と同名義）
❸ ブログのコンセプト設定
❹ 目的意識
❺ 継続力

❶と❷は、言わずもがな広告を貼り、報酬を受け取るためのものです。

※ ASP に登録している氏名と、銀行口座の名義は同じにします。

❸は効率的に収益を上げるため、そしてブログを続けるための道標となります。

アフィリエイトで収益を上げるためには読者の役に立つ情報を提供し、効果的に商品やサービスを紹介する必要があります。そのためには**ブログのジャンルと広告の親和性**が重要です。

例えば、書評ブログで本を紹介したり、ゲーム攻略サイトでアプリの紹介をすることに違和感はありません。海外旅行記のサイトで英会話の教材を紹介するのも自然です。これが親和性の高さです。

しかし、猫写真ブログでいきなりクレジットカードの広告があったらどう感じますか？ 食べ歩きブログに化粧品の記事が出てきたら読者は戸惑いますよね。

ジャンルを決めずにさまざまな記事を載せているブログもありますが、**効率的にアフィリエイトで成果を出すためには、ジャンルを絞って親和性の高い商品を紹介したほうが早く結果につながる傾向があります。**（コンセプトの選び方については p.42 で詳しく解説します。）

❹「目的意識」と❺「継続力」は、ブログ運営を続ける上で、精神的に大切な要素です。ブログを開始してすぐに稼げるようになる人は一握りです。でも3ヶ月、半年、1年とブログ運営を続けることで、積み上げ式で報酬は伸びていきます。

アフィリエイトで大きく成果が出ている人、出し続けている人の特徴として、**ブログ運営に目的意識を持っている傾向**が強いです。自分の好きなことを世界に発信する楽しさや読者や他のブロガーとの交流、自分の知識やスキルが増える喜び……「目的意識」の中身は人によって違いますが、収益以前に、**ブログを書くこと自体に何らかのモチベーションを見出す**ことが継続の助けになります。その結果として「稼ぐ」ことにつながるわけです。

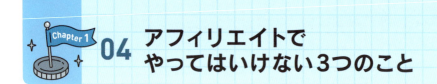

04 アフィリエイトでやってはいけない3つのこと

　ブログを運営したり、アフィリエイトプログラムを利用するには一定のルールを守る必要があります。ルールと言っても堅苦しいものではなく、一般常識的なものばかりですが、気づかぬうちに違反している場合もありますのでしっかりと理解しておきましょう。

■ 1. 読者を裏切らない

　ブログを運営する上で何よりも大切なのは、読者に喜んでもらうことです。
　使ってもいない商品やサービスを、報酬欲しさにべた褒めして紹介することは避けましょう。**使った感想は正直に、よい点、足りない点を明記し、自信を持っておすすめできる商品を紹介しましょう。**
　読者を裏切り続けるブログは、長い間運営することはできません。

■ 2. ASPや広告主の提示するルールを破らない

　ASP各社にはそれぞれ**利用規約や禁止事項**があります。これらを守らない場合、せっかく成果が上がっても取り消されてしまうこともあります。最悪の場合、退会処分になってしまうこともありますので、よく確認しておきましょう。
　代表的な違反事項には次のようなものが挙げられます。

- 自分でクリック／第三者と協力してクリック
- 自分で広告に申し込む／第三者と協力して広告に申し込む
- 広告主の禁止事項違反（特にリスティング広告）
- 法律違反や権利の侵害（特に薬事法、景品表示法、著作権、肖像権）
- 誇大表現や虚偽表現
- 掲示板やメールなどでのスパム行為
- 公序良俗に反する事項

　ここに挙げたものは大手ASPの1つA8.netの事例ですが、A8.netに限らず、これらの行為はどのASPでも違反行為として認識されます。しっかりとルールを守ってアフィリエイト活動を行いましょう。

■ 3. 法律に違反しない

ブログを運営するのであれば法律や権利の侵害に注意を払いましょう。特に「景品表示法」「医薬品医療機器等法（旧薬事法）」「著作権」「商標権」「肖像権」あたりは要注意です。

著作権侵害

他人の創作物を勝手に取得して掲載することがこれに該当します。広告主のホームページから、商品紹介に使えそうな画像などを無断で取得するのもNGです。記事は自分の言葉で書き、素材は広告主から提供されたものや、フリー素材を利用しましょう。**要はパクっちゃダメってことです。**

商標権侵害

広告主の許可なく企業名やサービス名、ブランド名など登録商標を利用した広告出稿を行うことは商標権の侵害になります。 またトップレベルドメイン（http://○○○.comの○○○の文字列）を商標登録済みの名称にすることは商標権の侵害です。違反した場合は成果の不承認だけでなく、ドメインの削除や損害賠償を求められることもありますので、絶対にやめましょう。

肖像権侵害

肖像権の侵害については「表現の自由」との兼ね合いもあるので明確な線引きが難しいのですが、**特に芸能人の画像については細心の注意を払いましょう。** そうでなくても個人が判別できるような画像を載せる場合は、無用なトラブルを避けるためにも、本人に許可を得てからにしましょう。

COLUMN　アフィリエイトのルールは怖くない

アフィリエイトは特別ルールが厳しいわけではなく、普通に運営していれば大丈夫です。うっかり違反してしまった場合も、いきなり処分を受けたり、損害賠償を請求されることはまずありません。ASPがそのようなウェブサイトを発見した場合は、修正ポイントをメールで通知してくれますので、きちんと対応すれば問題ありません。

それでも心配な点があれば、ASPのお問い合わせ窓口で質問してみましょう。わからないことは直接聞いてしまえば確実です。

Blogger Interview

01 ブログをビジネスと捉え、周囲が面倒くさがることをあえてやっていく

なにわのママ社長ブログ

URL https://minto-mama.com/　　運営者 minto氏

■ minto氏について

こんにちは！ mintoです。
私はもともと子育てをしながら看護師をしていたのですが、2人目の子の産休をきっかけにブログをはじめました。1年間の育休中に稼ぐことが目標でしたが、うまくはいかず復帰後も看護師と子育てをしながらブログを書いていました。
そしてブログを開始して1年と7ヶ月で自分が目標としていた金額を達成することができ、今は自宅で記事を書いています。家で仕事ができるようになったことで、子育てと家事と仕事のバランスが取りやすくなりました。大げさに聞こえるかもしれませんが、ブログに人生を変えてもらったと言っても過言じゃないです。

■ アフィリエイト商材の選び方と初成果のタイミング

私はブログの構成を考えるときに、メインとなる商材も選んでいます。
最初は商材の選び方がわからなかったので、いろんなASPを見ながら自分のブログの記事に合いそうな商品を紹介していました。
ただ後から読み返すと、こじつけというか、あまり関係のない記事に広告を貼ってましたね。そりゃ成果が出るわけないだろ〜みたいな (汗)。
だけど、ブログのコンセプトの作り方がわかってきてからは、先にメインで扱う商材も選びつつ、コンセプトを考えた上で記事を書くようにしています。
商材が決まった後は、同じ案件でもASPによって報酬が違ったりするので、ASPごとに成果条件や報酬額などを見ながら、最終的に扱う広告を決

めています。

はじめて報酬が発生したのは、開始から1年4ヶ月経ったときでした。本当に長かったですね。途中で何度も「本当に報酬って発生するの？」と思いました（笑）。

でも、そこで疑ってても仕方がないので自分なりに試行錯誤を続けたんです。

はじめて報酬が入ったときは「本当に発生するんだ」と感動しました。

▶ 子育てをしながら成果を出せた要因

私の場合は「仕事やめたい」という執念でやり遂げた感じです（笑）。看護師をしながら子育てするのが、すごいストレスだったんですよ。

自分自身が忙しいのもそうなんですけど、それよりも「子供に負担をかけてしまってるな〜」といつも葛藤していました。残業で保育園のお迎えが最後になって、帰りの車で娘に「ママ、遅い！」と号泣されたり、子供の病み上がりで、本当は大事をとってもう1日休ませたいけど、私の仕事の都合で保育園に行かせたり。

ずっと子育てと仕事のバランスについて「これでいいのかな〜」と悩んでて、そのときに旦那から「ブログで稼げるようになったら仕事やめれるで」と言われたんです。はじめは「本当に稼げるの？」と半信半疑でしたが、今の自分の生活を変えられる唯一の方法だと思って必死で作業してました。

また、旦那と一緒に協力して運営できたのも大きかったです。

私が記事を書いて旦那に装飾してもらったり、私が子供を寝かしつけている間に旦那が作業したりしてましたね。

あと、ブログを「ビジネス」と捉えていたのは大きかったと思います。

そのためマーケティングの勉強をしたり、ライティングスキルを身につけるために写経したりしてました。また、ブログを「ビジネス」と捉えることで、いい意味で感情を入れずに作業ができたと思います。

うまくいかないケースに多いと感じているのが、自分のブログに愛着を持ちすぎているという点です。自分のブログを大事に思うのは素敵なことなんですけど、「自分の好きなこと」と「世の中が求めているもの」の線引きが

できずに「私はこれがしたい！」だけが先行してしまうと「稼ぐ」のは難しいんですよね。稼ぐためにブログをするなら、マーケティング的な視点も取り入れる必要があるかと。

私の場合はブログを書く目的が「稼ぐこと」だったので、俯瞰的に自分のブログを見ながら何度も書き直したりしてました。100記事を4回以上書き直したりもしたんですけど、みんなが面倒くさがってやらないだろうなと思うところを意識してやるようにしてました。

「みんなが面倒くさがってやらないことをあえてやる」という行動指針は今も意識しているんですけど、ここが成果に繋がった根っこの部分かなと思います。

▶ これからはじめる方へのメッセージ

「途中で投げ出しさえしなければ、必ず結果に繋がっていきます！」ということをお伝えしたいです。

アフィリエイトって結果が出るまでに時間がかかる人が多いと思うんです。そしてこの成果が出ない期間、自分の方法が合っているのかわからなくて不安になったり、突如稼げるようになった人を見つけて焦ったり、何かとしんどいんですよね。

実際にやめていく人って、この不安や焦りに耐えきれなくてあきらめてしまう人がほとんどなんじゃないでしょうか。私も1年半近く成果という成果が出なくて、精神的にすごくしんどかったです。

私は「絶対に仕事をやめる！」と思いながらやっていたので、途中でやめるという選択肢が上がってきたことはなかったんですが、それでも何度も落ち込んだりしました。

「今度こそいけるだろう！」と思っていたのに、うまくいかなかったときの精神的ダメージは大きかったですね。

でも、「今結果を出している人たちもそういう時期を乗り越えてきたんだ」「ここを耐え続けた人が稼げるようになるんだ」と考えて続けてきました。

これからはじめる方も、もしかすると思い通りに進まないことが出てくるかもしれません。だけど1つずつ自分の課題を見つけて対処していけば、きちんと階段を登っていけます。不安なときやあきらめそうになったときは、「ここが踏ん張り時だ」と思って続けてもらえたらと思います。

ブログをはじめる前に
知っておきたいこと

本章では、私がブログ講座やSNS上で受けた質問をベースに、ブログをはじめるにあたって準備するものや心構え、ブログの方向性や記事の案を出す方法などをお伝えしていきます。
はじめての方はもちろん、独学でやってきたけれど思うように成果が出ていない方にも役立ててもらえたら嬉しいです。

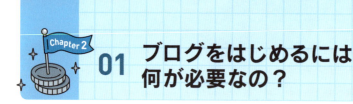

01 ブログをはじめるには何が必要なの？

 ブログを書くための環境を準備しよう

ブログをはじめるにあたって、絶対に必要なものは

- パソコン
- インターネット環境

の2つだけです。

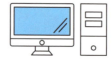

　ブログをはじめようとしている方からは時々、「どのようなパソコンがいいですか？」「ハイスペックな機種を用意する必要があるの？」といった質問を受けます。
　私は、**「本人が使いやすければどんなパソコンでもいい」**と考えています。
　ほとんどお金をかけずにはじめられる点も、アフィリエイトのメリットです。既にパソコンを持っている場合は、わざわざ新調しなくても大丈夫です。新しく買う場合も、記事を書くだけならば**一番安いものがあれば充分**です（ちなみに、私は外出先で作業することも多いためMacBook Proを使用しています）。

 形から入るのは意味がない

　ハイスペックなパソコンを買ったら、モチベーションが上がってなんだか素晴らしいブログが書けそうな気分になるかもしれません。しかし、多くの場合それは一時的なものです。
　高価な機材を買うならば「写真をきれいに撮りたい」「動画編集にも挑戦したい」など、明確な目的があるとよいです。「ブログで収益が出たらそのお金で買う」のでも遅くありません。

　また、「スマホだけでブログは書けないの？」と聞かれることもあります。こちらは不可能とは言い切れませんが、私はおすすめしません。
　文章を書くだけならスマホでも問題なくできるかもしれませんが、「ブログ

のデザインを変える」「記事の中の特定の文字だけ太くする」などの作業をスマホの小さな画面から行うのは大変です。**作業環境もブログを続けるモチベーションに影響するので、快適に作業ができるようにパソコンを用意しましょう。**

　書いた記事を公開するためには、インターネット環境も必要です。一般的なインターネット環境は、光回線とポケットWi-Fiの2種類です。

	光回線	ポケットWi-Fi
メリット	通信速度が速く、安定している	サービスの利用可能エリアであれば場所を選ばず利用できる
デメリット	利用場所が自宅などに限定される	光回線と比べるとやや通信速度が遅く不安定

どちらを選んでもブログの運営に支障はないので、自宅で作業することが多いか、外出先で作業することが多いかなど、自分のスタイルに合ったものを選ぶとよいでしょう。

パソコンに向かいたくなる環境を作ろう

　ブログを続けていくとなると、パソコンに向かって作業をする時間は必然的に長くなります。快適に作業ができるよう、例えば、以下のような点にも注目してみましょう。

- PCの動作は重くないか
- 作業スペースは十分な広さがあるか
- 椅子の座り心地はいいか
- マウスやキーボードは使いやすいか

　頻繁にパソコンがフリーズしたり、腰が痛くなったり……といった小さな不快が積み重なると、よほど強い意志がない限り、パソコンから足が遠のいてしまいます。快適な作業環境も、継続のための強い味方になります。

Point！

- パソコンとインターネット環境が必要
- パソコンは家にあるものや、安いものでOK！
- 自分の作業スタイルに合ったものを選ぼう

02 稼げるまでの期間はどれくらい？

 ブログで稼ぐのはラクじゃない！

　本書を手に取ってくれた方の中には、「ブログをはじめて半年で20万円稼いだ！」「ブログで月収100万円」といった人たちの声がきっかけでアフィリエイトブログに興味を持った方もいるかもしれません。

　最初にお伝えしますが、ブログでお金を稼ぐことは決して簡単なことではありません。私自身、ブログの収益だけで生活ができるようになるまでには2年近くかかっています。

　短期間で収益を上げているブロガーさんも確かに存在しますが、そのような事例は「たまたま選んだ商材がよかった」「ブログ初期に書いた記事がバズった（SNS上で広く拡散される）」など、運がよかったり、ダントツに才能がある場合です。確率はゼロではないものの再現性が限りなく低いため、すぐに結果が出ることは期待しないほうがよいでしょう。

 数字が動くまでに3ヶ月はかかる

　通常、ブログを書きはじめてからその記事が検索エンジン（Google、Yahoo!など）に認知されて、アクセス数が伸びるまでには3ヶ月ほどかかります。そのため、最初の3ヶ月はほとんど収益が発生することはありません。

　私は2015年の5月からブログをはじめました。最初は、検索エンジンから私のブログ記事を読みにきてくれる人は1日あたり数名ほどでした。SNS上でシェアした記事が親しい友人に読まれる程度で、収益は0円です。

　それでも、あきらめずに数ヶ月間記事の更新を続けるうちに、少しずつ検索エンジンから記事を読みにきてくれる人が増えていきました。

　その頃は現在ほどブログを利用したアフィリエイトの知識を持ち合わせておらず、記事中に貼っていたクリック型広告（Google AdSense）から数円〜数十円の収益が発生していただけでした。それでも、最初と比べて自分の書いた記事が読まれるようになったり、数円であっても「自分の書いた記事が収益を生み出してくれた」と思うと、とても嬉しかったことを覚えています。

ブログを宣伝しよう

　本書では「WordPress」(p.64)というツールでブログを作成することをおすすめしていますが、WordPressは広告やデザインの自由度が高い半面、ユーザーどうしで交流しやすい他のブログサービスと比べて初期の集客が難しくなる傾向があります。そのため、**何らかの形で自ら宣伝することをおすすめします**。私の場合は普段使っているSNSでシェアして友人に読んでもらっていましたが、匿名で運営したい方はブログ専用のアカウントを作ってみましょう。

 フォローする相手は選ぼう

　ブログ用にアカウントを作ると、同じようにブログをやっているアカウントにフォローされることがよくあります。成果を出している先輩を参考にしたり、同時期にはじめたブロガーどうし切磋琢磨するのはとてもよいことです。しかし、フォロー数とフォロワー数が同じくらいで、それっぽいノウハウをたくさん流しているようなアカウントは大概、相互フォローで水増ししたり、初心者に何かを売りつけたりすることが目的なのでブロックしてしまいましょう。

　ブログ仲間を見つけるなら、コワーキングスペースやブログ関連のイベントに足を運ぶのもおすすめです。SNSで探す場合は、しっかりと自分のブログを書いている人かどうかをチェックしましょう。

 ## 成功への近道は書き続けること

　繰り返しますが、**ブログでまとまったお金を稼げるようになるには、最短でも3ヶ月から半年はかかる**ことを覚悟してください。

　ブログで稼げるようになるまでの道のりは十人十色です。扱っているジャンルや更新頻度、SNSの活用など、さまざまな要素が関わってきます。そのため、「絶対に〇ヶ月で△円稼げる！」といったことは明言できませんが、1つ言えるとすれば**「たくさん書いたほうが伸びる」**ということです。週に1回だけ更新されるブログよりも、毎日更新されるブログのほうが「今日もそろそろ新しい記事がアップされたかな」と気になりますよね。もちろん、書けば書くほど文章も上手になります。

　期間や数字を気にするよりも、目の前の記事に取り組むことが、結局は一番

の近道です。思うようにアクセスや収益が発生せず、ガッカリしてモチベーションが下がるくらいなら「最初の3ヶ月は数字を一切見ない」と割り切ってしまうのもよいでしょう。

気になるけどあえて見ない！
書くことに集中しよう！

- ブログで稼げるまでには3ヶ月〜半年はかかると覚悟しよう
- 最初の3ヶ月は数字を気にしても仕方ない
- 継続は力なり！

03 書くことを習慣化しよう

 毎日更新のススメ

　私はいつも、ブログをはじめたばかりの方には**「毎日記事を更新して、ブログを書くことに慣れましょう！」**とアドバイスしています。

　今までブログを書いた経験のない人が毎日パソコンに向かって記事を更新するのは、意外と大変なことです。ネタを探し、構成を考え、わかりやすく文章に落とし込む……記事を執筆するには思っている以上に労力を使います。

　というと、大変なのに毎日更新するの？！　と思うかもしれません。一見矛盾するようにも見えますが、**長い目で見ると早いうちに習慣化してしまったほうが圧倒的にラクなのです。**

　中には「ブログをはじめたら、まずは100記事を目指して書こう！」と話すブロガーさんもいます。**重要なのは100という数ではなく、ブログを書く習慣や基礎体力をつけることです。**

 継続のコツは、無理をしないこと

　「とは言っても、すでに毎日時間に追われているのに、ブログを書く時間なんてどうやったら作れるんだろう……」という声も聞こえてきそうです。確かに、今の生活をまったく変えないわけにはいきません。しかし、負担感を小さくすることはできます。**私も含めてブログを続けている人は皆、多かれ少なかれ続けるための工夫をしています。**

そこで、私の考える継続のコツをまとめてみました。あなたがブログを続けていく上で、少しでも参考になればと思います。

継続力アップの秘訣

☑ 確実に達成できそうな目標を立てる（スモールステップ）
☑ やると決めたら、あらかじめ時間を確保する
☑ パソコンの前に座ったら、すぐに手が動くようにする

私は、移動中やちょっとした待ち時間にも、記事のネタや構成を考えてメモしています。パソコンの前に座って「今日は何を書こう」と考えるところからはじめると、すぐに思いつけばよいのですが、そうでなければ時間だけが過ぎて何も進まないという、つらい状態になってしまいます。ちょっとしたメモがあるだけでも「このテーマについて読者が知りたいことは何か」「どうすれば読者に伝わる文章になるか」など、具体的に考えを進めることができます。

また、私がブログをはじめたときに決めていたことに**「毎日パソコンを開いてブログと接する時間を取る」**というのがあります。「絶対に記事を仕上げなければ」と考えると荷が重く感じますが、「とりあえずパソコンを起動してブログを見る」ならできそうな感じがしますよね。ここまで来ればあと一歩です。

私がブログ講座などで初心者の方からよく聞く悩みに、**「公開できるようなレベルの記事が書けない」「アクセスや収益が全然伸びない」**というものがあります。確かに、誰だってよい記事を書きたいし、読んでもらいたいし、もちろんお金を稼ぎたいでしょう。

それでも、最初はとにかく習慣化することに専念してください。**テーマ探しや記事の執筆に慣れてブログが生活に定着してしまえば、技術や数字はいくらでも伸ばせます。**

私も4年ほどブログを運営していますが、**同時期にブログを開始した人の中で現在もブログを続けている人は1割程度です。**9割の人は途中で面倒になったり、結果が出ないことに飽きてやめてしまうのです。ブログを毎日の習慣として取り入れることに成功した時点で、あなたは1割の中に入ることができるのです。

効率的なやり方を見つけよう

　「毎日更新」と言っても、「ネタを決める、構成を決める、記事を書く」という作業を、必ずしも1日のうちに行う必要はありません。例えば、仕事のある平日は通勤中にネタや構成をメモして、週末に一気に何本もまとめて仕上げ、ストックした記事を毎日1つずつ公開することもできます。

　夜型の人が、早起きしてブログを書くのはしんどいです。自宅で集中できない人でも、カフェなどの適度な雑音がある場所ならはかどるかもしれません。下書きをスマホのメモに入れる人もいれば、大きな紙に書きたい人もいるでしょう。自分にとってラクな方法を探すのも、継続の助けになります。

　まずは、現在、1日をどのように過ごしているかを洗い出してみてください。今ある習慣をいきなり廃止するより、「SNSを見る時間を10分短くする」「30分だけ早く起きる」など、少しずつ時間を集めるとやりやすいかもしれません。あなたがブログを楽しく続けてくれたら、私も嬉しく思います。

 Point!

- できれば毎日記事を更新して、ブログを書くことを習慣化しよう
- 最初から100点を目指さない
- ラクして続けられる方法を見つけよう

04 実名と匿名、どちらがいいの？

　ブログをはじめる方の中でよく話題にのぼるテーマに、**「ブログを運営するにあたって、実名顔出し/匿名のどちらがよいのか」**というものがあります。私は最初から実名で顔写真も出して運営していましたが、その人の考えや記事の内容にもよりますので、**どちらがよいかと言い切るのは難しいです。**

 私の感じている実名顔出しのメリット

　ここでは、私がブログを運営してきた中で感じた、名前や顔を出すメリットを紹介します。

①親しみを感じてもらえる
　私は、最初の頃は海外を旅しながらブログを書いていたのですが、旅の途中に記事を読んでくれた日本人の旅行者が何度か声をかけてくれました。

②説得力が増す
　私は筋トレが趣味で、そのことをブログでも公言しています。10年ほどウエイトトレーニングを続けてガッチリした体の写真をブログに掲載することで、筋トレ好きのイメージがより浸透しているように思います。

③自分自身を使った取材・体験記事を執筆できる
　筋トレ好きのイメージが読者に伝わったことで、フィットネスジムから取材依頼が入ることもありました。それを自分自身の体を使って記事化できるのは、私にとって大きなメリットです。

④安心感がある
　私は時々、ブログ運営を教える合宿を開いています。参加してくれた人に理由を聞いてみると、「名前や顔がわかっているから信頼できた」という声もありました。

どちらを選んでもアクセス数や収益には影響しない

中には、「会社や周囲の人にブログを書いていることを知られたくない」「自分とは別のキャラクターをブログ内に生み出したい」などの理由で、匿名でブログを運営したい方もいるでしょう。

匿名であることが理由でブログが読まれないことはありません。匿名のまま収益を上げている人気ブロガーさんも大勢います。最初は匿名で運営していたものの、途中から名前や顔を出すように方針を変更した方もいます。

ここで、実名顔出し/匿名それぞれのブログの一例を紹介します。どれも人気があり、たくさんの人に読まれているブログです。

■ 実名顔出しで運営しているブログ例

BANK ACADEMY
元大手銀行員の小林亮平さんが運営するブログ。元銀行員の視点から、初心者向けの資産運用についてわかりやすく解説している。

URL https://bank-academy.com/

ルカルカ医療脱毛
きれいになりたい女性向けに、20代女子のリアルな美容情報を発信しているブログ。ダイエット美容ブロガーの亀山ルカさんが運営している。

URL https://datsumou-clinic.me/

ハイパーメモメモ
ブロガーの沖ケイタさんが運営するブログ。雑記からオピニオン記事まで幅広いジャンルを網羅する。初心者ブロガー向けのアドバイス記事も充実。

URL https://www.proof0309.com/

■ 匿名で運営しているブログ例

今日はヒトデ祭りだぞ！
　会社員をしながら匿名で運営をはじめ、現在はブログだけで会社員時代の10倍を稼ぎ出す雑記ブログ。親しみやすい記事の雰囲気で多くのファンを抱える人気ブロガー、ヒトデさんが運営している。

`URL` https://www.hitode-festival.com/

クレジットカードの読みもの
　月間500万人もの人が訪れる「クレジットカード情報」に関する日本最大級のサイト。さまざまなカードを保有するクレジットカード専門家によって運営されている。

`URL` https://news.cardmics.com/

SEO対策の森
　広告代理店でのマーケティング経験を生かした、SEOについての情報ブログ。主に中〜上級者向けの内容を発信している。Webマーケッターのおおきさんが運営中。

`URL` https://seoer.work/

　実名顔出し/匿名のどちらがよいかは、あなたの状況、考え方、ブログの記事や広告の内容によって変わってくるため、一概にどちらがいいとは言い切れません。どちらを選ぶにしても、ブログのよしあしを決めるのは記事の内容です。

 Point！

- 実名顔出し/匿名はどちらでもよい
- 顔出しすると親しみや安心感を持ちやすくなる
- どちらにせよ、よい記事を書けばちゃんと読まれるし稼げる！

05 「ブログに書くことがない…」 特別なテーマじゃなくても大丈夫!

 ブログに何を書けばいいの?

　ブログをはじめる際に「自分がブログに書ける内容が思いつかない……」と悩む方はたくさんいます。しかし、**ブログで発信する内容は、必ずしも特別である必要はないのです。**むしろ、

- あなたが経験したライフイベント
- 今やっている(以前やっていた)仕事のこと
- あなたが人より少しでも好きなこと・得意なこと

などの身近な話題こそ、記事を書くのに向いたテーマなのです。

▼ 例えばこんなテーマがある

☑受験	☑入学	☑卒業	☑引っ越し	☑Uターン/Iターン	☑婚活	☑恋愛
☑結婚	☑出産	☑育児	☑就職活動	☑転職	☑異動	☑独立	☑ジム通い
☑料理	☑英会話	☑カメラ	☑映画	☑ドラマ	☑グルメ	☑旅行
☑アウトドア	☑読書	☑ガジェット	☑資格	☑ピアノ	☑スポーツ観戦
☑投資	☑スキンケア	☑ダイエット	☑筋トレ	☑ファッション
☑クレジットカード	☑債務整理	☑保険	☑ペット	☑車	☑ヨガ
☑プログラミング	☑釣り	☑園芸

 あなたの「当たり前」が実はスゴイ

　それでも「**私の経験していることで本当に大丈夫?**」「**もっと詳しい人がいるんじゃないかな?**」と、自信が持てない方もいるかもしれません。

　私も趣味の「筋トレ」について発信していますが、はじめは「他にもトレーニングについて書いている人はたくさんいるし、専門家でもない私が書いた記事が読まれるのだろうか」と不安もありました。

　そうした中、あるときトレーニング初心者に向けて「筋トレをした後はお酒を飲んでアルコールを摂取したらダメだよ」という記事を書いたところ、

「トレーニング後にお酒を飲んではいけないことを知りませんでした！」
「運動した後いつもビール飲んじゃってました！ これからは気をつけます！」

といったコメントをいただいたのです。
　トレーニング後に飲酒をしてはいけないことは、トレーニングをする人の間ではあえて口にするまでもない当たり前のことです。しかし、これからトレーニングをはじめようとする方の中には、このことを知らない人も少なくなかったのです。

　また、私はかつてビールメーカーに勤めており、同僚たちと自社のビールを扱ってくれている飲食店を飲み歩くのが好きでした。そのため、安くて美味しいお店や、デートで使えるような雰囲気のいいお店をたくさん知っていました。そこで、おすすめの東京の飲食店をブログの記事にまとめたところ、

「お店探しに苦労していたのでとても参考になった！」
「もっと多くの地域の店舗をまとめて紹介してほしい！」

と、たくさんの人に喜んでもらえました。
　これらは嬉しい半面驚きでもあり、**「自分の当たり前は他人の当たり前ではない」** と実感しました。ブログで大切なのは誰もやったことがないような特別な体験よりも、

- 自分の経験や感想を、自分なりの言葉で率直に書く
- 上からではなく、読者の目線で執筆する

といった点ではないでしょうか。
　たくさんのお店が掲載されたまとめサイトやグルメ評論家による詳しい解説より、実際にお店に行った知人の感想が参考になることもありますよね。
　また、せっかく役に立つ情報を発信していても、「こんなことも知らないのか」とバカにするような文章は、誰も読みたくないはずです。

身近な話題は経験する人が多いぶん、知りたい人もたくさんいます。ライフイベントや生活に関する話題は流行に左右されないため、長期にわたって読まれやすいのも強みです。

　また、**ありふれた話題に見えても、読者が「トレーニング」や「特定のお店の評判」について聞きたいとき、身近に答えられる人がいるとは限りません。**プライベートな体の悩みやお金のトラブルのようなコンプレックスに関する話題（p.54）は、知っている相手だからこそ聞きづらいこともあるでしょう。

　ブログに誰もが驚くような特別なことを書く必要はありません。あなたが経験したことや興味のあることについて、気楽に発信してみましょう。**自分にとっては当たり前のことでも、別の誰かにとっては嬉しい大発見かもしれません。**

辛い物好きのブロガーさんが言うなら
そうとう辛いんだろうな…

 Point！

- 変わった体験や専門知識がなくても大丈夫！
- 自分の「当たり前」が、他人にとっても「当たり前」とは限らない
- 身近な話題は知りたい人も多い

06 ブログのジャンルやタイトルを決めよう！

 ジャンルを決めると更新がラクになる

　記事を書く前に、**「どんな話題をメインに扱うか」という、ブログの方向性を考えることをおすすめします。**

　まだ記事を書いてもいない段階で、どんなブログにしたいかを考えるのは難しいです。しかし、この工程を行うことで、将来のあなたのブログはグッとよいものになります。

　何かを考えたり決断したりすることは、私たちが考えている以上に疲れるものです。「何でも自由に書いてください」よりも、「○○について書いてください」と制限があったほうがやりやすい、といった経験はありませんか？

　ブログも同様に、**あらかじめジャンルを決めておくと記事の方向性が定まり、更新がラクになるのでブログを続けやすくなります。**

　さらに、**得意分野がわかりやすくなるため、「あなたと言えば○○」というアピールにもつながるのです。**

　ジャンルを決めるときのコツは、**内容を細かく絞りすぎないこと**です。例えば「上腕二頭筋の鍛え方」まで絞り込んでしまうと、後から記事を考えるのが難しくなってしまうため、**「筋トレ」くらいの大きな括りで設定する**とやりやすいでしょう。

　実は私の場合、「トレーニングブログにしよう」と最初から決めていたわけではありません。しかし、ブログをはじめる前から趣味でやっていた筋トレについて記事を書くうちに、「そもそも体を動かすことやトレーニング自体が好

きで、その結果として体磨きも好きなのだ」と再認識し、そこから意識的にフィットネスやボディケアを軸としてブログを運営するようになりました。

ブログのジャンルを決めてからは記事のテーマをゼロから考えずに済むため、**それまで記事のテーマ決めに費やしていたエネルギーを記事そのものに向けられるようになりました。**

 ## 好きなことを書き出そう

ブログのジャンルは、あなたの好きなもの、興味のあるものから選ぶことをおすすめします。ブログをはじめてすぐにアクセス数が伸びたり、収益が発生したりするのは非常に稀です。一定期間（最低でも1ヶ月）は記事を投稿し続けないと変化は生まれません。でも好きな分野であれば、すぐに成果に結びつかなくても記事を書き続けることができるでしょう。

ジャンルを決めるときには、「これはブログに関係なさそう」と思うこともボツにせず、好きなことを思いつく限り紙に書き出してみましょう。**自分の中にあるものをアウトプットすることで、頭の中が整理されて、書きたいことが見つかりやすくなります。**

ここでは、実際に私がやっている方法を紹介します。記事案の作成にも使えるので、ぜひ一緒にやってみてください！

手順1

まずは1枚の紙とペンを用意します。
紙を横向きに置いて、次のように3分割してみましょう。

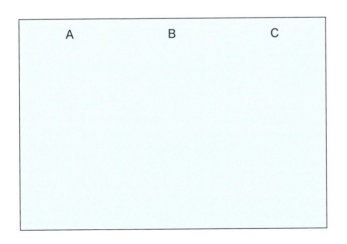

手順 2

Aの欄に自分の好きなこと・得意なこと・学びたいことを書き出していきます。

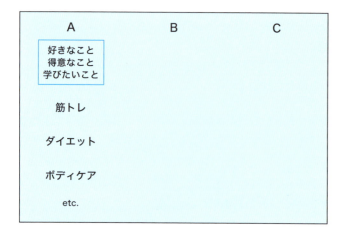

ひととおり書き尽くしたら、Bに移ります。

手順 3

Bは、Aで書き出したことに対して、読者が知りたいであろうことを考えます。例えばAが「筋トレ」なら、Bでは「筋トレの種類」「上半身トレーニングのやり方」のように、具体的な話に落とし込んでいきます。

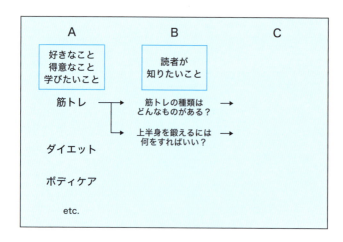

Bの工程が終わったら、最後のCに移ります。

手順4

最後は、これまでに出した「自分の好きなこと」と「読者の需要」を掛け合わせて、記事案として仕上げる作業です。

例えば、Aが「筋トレ」、Bが「筋トレの種類は？」であれば、その2つをもとに記事案を考えます。私はBで挙げた2つから「初心者向け筋トレの基本10選」「美尻づくりの筋トレはどんなものがある？」という記事案を考えました。

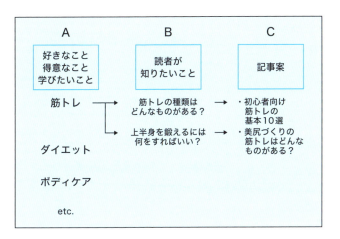

このように

A：自分の好きなこと・得意なこと・学びたいこと
B：読者が知りたいこと
C：記事案

と順番に書き出していけば、ブログジャンルを決めたり、自分の好きなことや得意なことを軸とした記事案を作りあげることが可能です。ジャンル決めや記事のテーマで悩んでいる方は、ぜひ活用してみてください。

COLUMN　関連分野に目を向けてみる

決めたジャンルで行きづまったら、その周辺分野にも目を向けてみましょう。例えば、最初に決めた方向性が「筋トレでカッコいい体をつくる」であれば、そこから派生して「筋トレ後のマッサージ」「筋肉をつけたい人が摂るべき栄養素」などの記事を追加してみます。一貫性を保ちつつ、記事の幅を広げられます。

ブログタイトルを考える

　ブログをはじめる際には、自分の名前やスタイリッシュなフレーズをブログタイトルに入れたくなるものです。もちろんそれ自体は悪いことではありませんが、アフィリエイトで稼ぐことが目的の場合は、**扱っているジャンルがひと目でわかるブログタイトルにするのがおすすめです**。

ブログの内容がわかりやすいタイトルがおすすめ

- ルカルカ医療脱毛
  URL https://datsumou-clinic.me/
- クレジットカードの読みもの
  URL https://news.cardmics.com/

　ブログで取り扱っているジャンルがわかりやすいタイトルにしておくと、**検索エンジンで調べものをしている人に興味を持たれやすくなります**。また、**検索エンジンのプログラムもブログの内容を理解しやすくなる**ため、検索結果の表示順位にもよい影響があります。

 Point！

- ブログの方向性を決めると、記事の更新がラクになる
- 自分の内面をアウトプットして整理しよう
- タイトルはわかりやすいものにする

07 アクセスや収益につなげやすいジャンル

「**アクセス数や収益が大きくなりやすいジャンル**」というものも存在します。もしあなたの得意分野、チャレンジしたい分野と共通する要素があれば、上手に組み合わせることで効率的にアクセスや収益を伸ばすことができるので、ぜひ試してみてください。

アクセスを集めやすいジャンル

アクセスが集めやすいジャンルを4つ紹介します。

① トレンドキーワード

　新発売の製品や注目の集まるイベントなどを積極的に記事にすることで、その情報を求めている読者層の流入を見込むことができます。例えば、iPhoneの新機種発表のタイミングにあわせて、解説記事を大量に投稿するといった具合です。今後で言えば、東京オリンピックに関する情報を準備しておくことで、シーズン直前から大きなアクセスが期待できます。日本語だけでなく、海外からの旅行者向けに英語で会場案内やWi-Fiスポットの紹介、電車の乗り方などを多言語で解説してもよいでしょう。

② シーズンキーワード

　四季折々、季節に応じたキーワードが存在します。夏休みや冬休みの家族旅行先、春休みの卒業旅行情報、海水浴場、スキー場、花火大会開場、七五三におすすめの神社、小学生の夏休みの自由研究のテーマ、入学や卒業、季節に応じた野菜の育て方、資格試験の勉強法……。ざっと挙げただけでもこれだけ季節のキーワードがあります。これらの情報を効果的に発信することで、毎年、そのシーズンが訪れると自動的にアクセスが集まってくるブログになるわけです（①で挙げた東京オリンピックも、広い意味ではシーズンキーワードにも該当します）。

③ エリアキーワード

　旅行記や飲食店の食べ歩きなど、エリアを絞ることでその地域の情報を求めている読者を集めることが可能です。例えば「多摩ポン」という情報サイトは東京の多摩エリアの情報特化型サイトとして、地域の人に価値を提供しています。同様に札幌エリアの地域情報を提供している「サポカン」というサイトもあります。再度の登場となりますが、東京オリンピックにちなんで、各競技場近辺の飲食店や観光スポットを紹介すれば、それなりの集客が見込めます。

特定の地域に特化したブログ

- 多摩ポン
  URL https://tamapon.com/
- サポカン
  URL https://hokkaido.press/sapocan/

④ 鉄板キーワード

　時期を問わずアクセスが期待できる鉄板キーワードも存在します。特に体験記やノウハウ系の普遍的な情報を多数掲載しておくと、安定したアクセスを狙えます。例えば、エクセルやiPhoneの使い方などは、今後も求められるでしょう。ただし、鉄板キーワードは競合も多いため、より密度の高い情報を心がけるか、自分の体を使って実体験を載せるようなオリジナリティが重要です。

 ## 収益が大きい傾向のジャンル

　同じ1件の成果でも、広告の種類によって報酬額は異なります。1件あたりの収益が大きいジャンルとして、以下の3つが挙げられます。

① そもそもの単価が高い業界

　不動産、自動車、パソコン、旅行など、1件あたりの金額が高いものです。

② 一生涯における使用金額が大きい業界

　ジム、脱毛、保険、株・FX取引、キャッシング、クレジットカードなど、いちど顧客として囲い込むことができれば、毎月の会費などで長期間お金を払ってもらえるタイプの商品やサービスです。

③自己成長/キャリアアップ

就職・転職、資格、語学など、自身の成長やキャリアアップに関連するものです。安定した需要があり、いちどに動くお金が大きい分野です。

これらのジャンルに共通するのは、**ライフタイムバリュー（一人の顧客が取引期間を通じて企業にもたらす利益）の大きい業界である**という点です。いちど契約してもらえれば生涯を通じて大きな利益をもたらしてくれる顧客との接点を持つために、企業は広告を出すわけです。その利益が大きいほど顧客獲得のための初期投資の金額も増やせるので、結果として収益が伸びます（そのぶん競争は激しくなりますが……）。

もし自分の得意分野が、これらのジャンルとマッチしていたらチャンスです。宅地建物取引主任者の資格を持っていたり、不動産業界に勤めていた経験があるのであれば、リーズナブルにマンションを買う方法を解説したブログを書いてもよいでしょう。英語が得意なのであれば、英語の勉強法の解説ブログを作ってもいいですね。

また、今の時点では得意でなくても、興味を持っていることや勉強していることについて書くのもおすすめです。

例えば英語を話せるようになりたくて参考書を買って学び直したり、英会話教室に通ったりしているのでしたら、その様子を勉強記や体験レポートとしてまとめるなどの方法があります。読者と一緒に努力している姿勢が感じられれば、共感を生んで応援してもらえるブログになります。

ブログのジャンルを考える上で大切なのは、

- 記事を書く目的
- 自分ができること
- 読者が喜ぶ情報かどうか

の3つをはっきりさせることです。
　最初からこの3点が定まっていれば好ましいですが、最初は1つしか決まっていなかったとしても、ブログを運営していく中で1つずつ定めていくのでも構いません。一歩一歩、魅力的なブログに仕上げていきましょう。

Point！

- アクセスや収益に繋がりやすいジャンルがある
- ライフタイムバリューの大きい業界に関するものは報酬も高くなりやすい
- 記事を書く目的、自分ができること、読者目線をしっかり意識する

08 記事に必要な情報は？最初に整理しておこう！

書く前に要点をまとめる

　私がセミナーやブログ合宿でアドバイスしてきた初心者の方に多いのが、**「自分が伝えたいことを全て記事に書き出そうとしてしまう」**ケースです。

　たくさんの情報をまとめるのは骨が折れますし、慣れないうちから欲張って書こうとすると脱線したり、本当に伝えたい内容が隠れてしまいます。

　かつて自分が知らなくて困ったことや必要性を感じて調べたことは、きっと今も同様に知りたい人がいるはずです。

　例えば「旅行で福岡へ行き、そこで食べたもつ鍋がとても美味しかったからおすすめである」という内容の記事を書くとします。

　ここでいきなり書きはじめるのは難しいです。旅行のことを思い出しながら手を動かしていくと、高確率で話が逸れたり、書くべきことが抜けてしまいます。あなたが「福岡の美味しいもつ鍋」を探していてヒットした記事に、

- 乗った飛行機や新幹線について
- 一緒に福岡へ旅行をした友達・恋人とのエピソード
- 宿泊したホテルの感想

などが長々と書かれていたら、途中で読むのをやめて別の記事を探しますよね。読者が求める情報をこぼさないよう、書く前に少し立ち止まって要点を整理しましょう。

今回のもつ鍋の例では、次のような情報はマストです。

伝えたいことを整理しよう

- 記事のテーマ
    福岡の美味しいもつ鍋のお店を紹介する
- 読者像
    これから福岡に行く予定があり、おすすめのお店を探している人
- 読者が知りたいこと
    ・お店の名前
    ・お店までのアクセス
    ・お店の外観
    ・メニュー（定番、人気、コース…）
    ・予算
    ・座席（テーブル / カウンター / 座敷、禁煙 / 喫煙…）
    ・お店の雰囲気（静か / 賑やか、カジュアル / 本格）
    ・客層
    ・予約について

このように、最初に作ったアウトラインに沿って書いていけば、大幅に脱線したり、大事なことを書き忘れることを防げます。

私はかつて、「RIZAP（ライザップ）の料金はなぜ高い？ 実際に店舗で食事指導とトレーニングを体験してその価値を判断してみた」という記事を作成しています。RIZAPの料金が他のジムと比べて高額な理由を調べた記事です。
私はこの記事の読者像を、「RIZAPに興味があるが金額が大きいため踏み切れず、高額な料金を支払ってでも通う理由を知りたい人」と仮定しました。このような人であれば、

- **店舗の内装やジム環境・アメニティなどがどれだけ充実しているのか**
- **指導をしてくれるトレーナーは信頼できる人なのか・実力はあるのか**
- **食事指導やトレーニングサービスのクオリティは高いのか**

といった点を知りたいと考えているはずです。
そのため実際にRIZAPの店舗まで足を運んで取材し、店舗の様子やトレーニング指導と食事指導の内容までしっかりと網羅した記事に仕上げました。

読者像を絞り込む方法はp.121でも解説していますが、**最もやりやすいのはかつての自分自身を対象にすることです。**昔の自分は何を知りたかったのか、どのような点に困っていたのかを思い出すことができれば、きっと同じように悩んでいる読者に届く記事になるはずです。

 書いた記事を後から見返してみよう

　記事を書き終わったら、最初に作ったアウトラインと照らし合わせてみましょう。少し時間を置いてから冷静に見返してみると、もっとよい表現が浮かんだり、間違いに気づきやすくなるものです。ブログに限らず、「一晩寝てから翌朝に確認しよう」なんて言われていますね。書き終えたらすぐに公開したくなるかもしれませんが、このひと手間であなたの記事はグッとよくなります。

 Point！

- 書く前に記事に入れる情報を整理しよう
- 読者の立場に立って考えよう
- かつての自分自身を読者像に設定すると、需要がわかりやすい

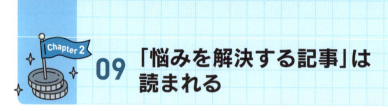

09 「悩みを解決する記事」は読まれる

人は悩みや問題を解決したい生き物

　あなたが生活の中で悩みやトラブルを抱えたとき、その問題をほったらかしにしますか？　きっと「今すぐ解決したい！」と思いますよね。
　そのため、**「悩みに対して解決法を提示する記事」はよく読まれます。**
　「読者の悩みを解決する」というと難しそうに見えますが、「悩み」は深刻なものやネガティブなものに限りません。「美味しい○○が食べられるお店」「仕事で必要なエクセルの使い方」「くびれを作る腹筋方法」「家庭でできるふわふわオムライスのレシピ」のような、「ちょっと知りたい」程度のことも含まれます。

知人に相談しにくい悩みは特に喜ばれる

　プライベートな悩みや深刻な問題は、報酬額が大きい傾向があります（そのぶん狙う人も多く、競争は激しくなります）。例えば以下のようなものです。

- 体に関するコンプレックス（例：脱毛、ダイエット）
- 近しい相手とのトラブル（例：法律相談）
- お金に関する問題（例：カードローン、債務整理）

　このような**「周りの人に相談しにくい悩み」に関する記事は、とりわけ多くの人に読まれます。**解決策を提示できれば、とても喜ばれます。
　私もかつて、男性向けの脱毛サロンや、髪の毛を生やすためのAGAクリニックに実際に足を運んで体験や施術を受け、その内容と結果をレポートしたことがあります。
　これらの記事は、「興味はあるけど恥ずかしくて聞きづらい」「身近に体験した人がおらず、効果のほどがわからない」といった理由で踏み出せない人に向けて書きました。**実際に行って施術を受けた私の体験談をシェアすることで、悩んでいる読者の背中を押してあげたいと思ったのです。**
　私自身、これらの体験を公開するにあたっては恥ずかしさや抵抗感もありま

した。それでも、**自分も悩んだことだからこそ、同じように悩む人の役に立てばと思い記事にすることにしました。**

> **自分の顔や体を出すことに抵抗がある方へ**
>
> 　自分自身を使って執筆した記事は説得力があり、伝わりやすいですが、「知人に見られたくない」「写真を載せるのは怖い」と思う方もいると思います。
> 　ただ、匿名で運営するブログであっても、扱う題材や見せ方次第で説得力のある解決策を提示することが可能です。
> 　「ダイエット」がテーマの場合、「Before/After」の比較写真がよく出てきます。確かにわかりやすいですが、それだけが正解ではありません。例えば、
>
> - 長期間の体重の推移をグラフで表す
> - 「3L→L」のように、体は出さずに服のサイズでBefore/Afterを表現する
> - ダイエット中の日々のレシピを公開する
> - 見た目や体調の変化をよく観察し、文章で詳しく表現する
> - おすすめのダイエット関連書籍を紹介する
>
> ……など、方法はいろいろあります。
> 　もちろん、書きたくないことを無理に書く必要はありませんが、「匿名だからプライベートな悩みは記事にできない！」とあきらめる必要はないこともお伝えしておきます。

　他人に相談しづらい悩みは、解決策を示すことができればもちろん喜ばれますし、**解決しようといろいろな方法を試す様子を発信するだけでも、それを読んで「このことで悩んでいるのは私だけじゃないんだ」「自分も頑張ってみようかな」と共感したり、前向きな気持ちになる人もいます。**

　ただのネガティブな要素でしかなかった自分の悩みが、発信することによって誰かの心を晴れやかにするものになるかもしれません。

💡 Point！

- 人は「悩み」を解決するために検索する
- 周りの人に相談しにくい話は特に喜ばれる
- あなたの発信で救われる人がいる

10 読者はあなたの主観を求めている

　ブログを訪れた読者に最後まで記事を読んでもらうためには、読者が **「この記事は信頼できる」「参考になりそうだ」** と感じる要素が必要です。

　記事の信頼性について、**私は「書いた人の主観」が重要だと考えています。**

 感じたことを、理由も含めて書く

　もし、100人が同じ体験をして、そのことをブログに書いたら、100通りの記事ができあがるはずです。

　例えば、「美味しいと評判のイタリアンレストランへ行った」ことをブログに書くとします。そのお店は人気があるので、多くの人がすでに記事にしている可能性があります。

　「料理が美味しかった」だけでは埋もれてしまいますが、「料理選びで迷っていたらウエイターが丁寧に説明してくれた」と書けば、ちょっと敷居が高そうだと敬遠していた人は安心できるでしょう。「落ち着いた雰囲気でカップルが多い」とあれば、読んだ人が「今度デートで使ってみよう」「小さい子供を連れて出かけるには向かないかな」などと判断する材料になります。

　読者が求めているのは口コミサイトの点数ではなく、実際に足を運んだ人の意見です。あなたが注目したポイントやそこから感じたことを読んで、「そこが知りたかった！」と思う人がきっといるはずです。**あなたにとって印象に残った点は何か、「よかった」「悪かった」と感じたきっかけとなる出来事は何か、と具体的に書く**ことで、まだそのお店に行ったことがない読者もイメージしやすくなります。

 感想は包み隠さず率直に

　アフィリエイトブログは商品やサービスを紹介し、実際に買ってもらうことが目的です。とはいえ、よいことばかり書いていたら怪しいですよね。デメリットを隠して買ってもらえたとしても、信用を失ってしまうと長続きしません。

私は記事を書くときには、紹介したい商品やサービスを実際に使った上で、感じたことを率直に書くようにしています。

　商品のよかった点を伝えるのはもちろんですが、「もう一歩」と思う点があればその理由も含めて書くように心がけています。「こうしたらもっと上手に使える！」といった発見があれば、そうした情報も積極的に読者に共有してあげるとさらに充実した記事になります。

 Point！

- 書いた人の主観が伝わる記事は信頼できる
- 「なぜそう感じたか」を掘り下げて書く
- よい点だけでなく、気になる点があれば正直に伝える

Blogger Interview

02 ライティング技術や集客のテクニックよりも先に「実際に商品やサービスを利用すること」に時間やお金を使う

Simfree Smart

URL http://simfree-smart.com/
運営者 ひつじ氏（Twitter：@hituji_1234）

▶ ひつじ氏について

Twitterで「ひつじ」というハンドルネームで活動をしています。僕はもともと医療職をやっていたのですが、どうしても会社勤めに馴染めずに1年で退職し、2016年4月からアフィリエイトをはじめました。
格安SIMを紹介するガジェットブログ「Simfree Smart」で成果をあげ、その経験から「ひつじアフィリエイト」というアフィリエイトブログのノウハウを伝えるブログを作りました。

- Simfree Smart（ URL https://simfree-smart.com）
- ひつじアフィリエイト（ URL https://hituji-affiliate.com）

今はブログ用のWordPressデザインテーマ「JIN」の制作など多角的に事業を行っていて、ブログ収益は月100万円以上をキープしています。

▶ アフィリエイト商材の選び方と初成果のタイミング

僕は次のような基準を持って、アフィリエイト商材を選ぶようにしています。

- 情熱を注げるジャンルであること
- 心からおすすめできる商品であること
- トレンドに乗っていること
- 報酬額が高いこと
- 知名度が高いこと
- 承認率が高いこと

商材選び以前の話になってしまうかもしれませんが、「自分が情熱を注げるジャンルを選ぶ」ということを何よりも大切にしています。そのほうが作業効率がよく、結果的に収益化にもつながりやすくなるためです。

例えば、僕の場合だと「通信系」と呼ばれる分野が好きで、スマホや周辺機器のことは調べていてワクワクするし飽きの来ないタイプです。だから記事もすらすらと小さな労力で書けますし、最新情報を仕入れて読者にわかりやすく共有できます。反響もよく、結果として集客や収益化がうまくいきました。

逆に、全く興味のないジャンルに参入してしまうと、情報はどうしても浅くなりますし、記事を書く手は遅くなります。惰性で書いていることも何となく読者に伝わってしまうので、収益化も非効率になりやすいです。

そういった理由から、前提条件として「自分が情熱を注げるジャンルを選ぶ」ことはとても大切なのです。

その上での商材選びですが、僕は個人的に「心からおすすめできる商材」に絞って紹介するようにしています。

アフィリエイトをはじめた当初は格安SIMサービスの黎明期ということもあり、利用方法のわかりにくい印象を受けるサービスが多い時代でした。その中でも使いやすくて心からおすすめしたいと思ったのが「mineo」という商材だったので、その紹介をブログではじめたというわけです。

そして格安SIMのアフィリエイトを続けて半年で、月20万円の報酬を手にすることができました。一見スピーディで華やかに見えるかもしれませんが、実に120記事書いた段階でやっと出た成果です。

また、格安SIMの普及、iPhone7の発売といったトレンドに助けられたのも大きかったと感じます。アフィリエイトでは時代的に追い風が吹いている商材を選ぶほうが稼ぎやすいと言えるでしょう。

ちなみに、商材選びにおいては他にも「報酬額」「知名度」「承認率」といった指標も見ます。

これらが低すぎる商材をメインに据えると、稼ぐ上で大変不利になってしまうので、条件の悪い商材はできるだけ避けて選ぶようにしています。

▶アフィリエイトブログをはじめる際に注意してほしい点

アフィリエイト初心者にとって大きな壁となるのが「月5万円稼ぐこと」です。ここを乗り越えるのは大変だと覚悟しておいてください。

多くの人が月5万円の壁で挫折しますし、僕自身も半年苦しみました。

一般に「月5万円はブログを続けていればいつか稼げる」と楽観的に考えがちですが、そんなヌルい覚悟だと到達は困難です。本気で月5万円にコミットしようとしているライバルはたくさんいるので、その人たちに負けてしまいます。

だから、本気で稼ぎたい人は「いつか稼げる」とは思わず、目標と期限を明確にして取り組みましょう。

例えば「あと3ヶ月で月1万円稼げるようになる」のように、できるだけ短期かつ現実的な目標を立てて、それに向かって取り組んでみてください。

もしその目標が達成できたら、次は「あと3ヶ月で月5万円稼げるようにする」といったように、目標を少しずつ更新していきましょう。

こうやって期限を設けた目標を立てると、いい緊張感をもって努力できますし、結果を出しやすい環境を自分で作り出せます。さらにTwitterなどで目標と期限を公言しておくと、周りの目が向けられるので逃げられません（笑）。

実際に僕も初心者の頃は、目標をTwitterで公言して、必ず到達できるよう努力をしてきました。だからこそ比較的短期間で収益を伸ばせたと自負しています。

まずは目標と期限を明確にして、月5万円の壁を超えられるように取り組んでみてください。この壁を突破できれば、月20万円・50万円・100万円といった大きな目標への道のりも自ずと見えるようになってきます。

▶これからはじめる方へのメッセージ

アフィリエイトをはじめる上で意識的に取り組んでもらいたいのは「実際に商品やサービスを利用すること」と「Twitterでの情報収集」の2つです。

1．実際に商品やサービスを利用すること

ブログ初心者さんはライティングや集客のテクニックに目を向けがちだと感じますが、それよりも先に「実際に商品やサービスを利用すること」に時間やお金を使ってください。

なぜかと言えば、ブロガーが読者に求められていることが、商品レビューを書くことだからです。

読者は「商品を買って後悔したくないから、購入者の本音を聞きたい」と思っています。つまり自分よりも先に商品を買った先輩を探しているのです。

だからこそ、実際に商品を購入して利用し、その感想を主観的に発信しましょう。それが読者に求められているブログなので、集客や収益化に成功しやすくなります。逆に言えば、商品ランディングページ（販売ページ）をまとめ直しただけのブログには高い価値はないので要注意です。

また、自腹を切って商品を購入することで、読者の悩みに共感しやすくなるというメリットもあります。いざ身銭を切るとなると、誰でも後悔したくないはずですし、慎重になります。買ってもいいかどうかを調べて考える機会を得られますし、購入を検討している人が不安に思うことを整理できます。

例えば「他社の商品のほうが自分に合っているのではないか？」「キャンペーンを待ってから申し込んだほうがお得なのではないか？」といった疑問が湧いてくるかもしれません。

そういった悩みを持つ機会があることで、読者の立場に共感しやすくなりますし、購入にあたっての不安を解決できる記事も自然と書きやすくなります。

さらに、購入した商品を実際に使ってみることで「ここがよかった」「ここがイマイチ」という経験談ができるので、リアリティのある記事になります。

このように、実際に商品を購入して利用することには数多くのメリットがあるので、ぜひ取り組んでみてください。それがブログで稼ぐ大きな一歩になります。

２．Twitterで情報収集をしよう

実は、ブログ運営に役立つ情報はTwitterにもたくさん落ちています。僕を含めて多くのブロガーが情報交換の場としていますので、ぜひ活用してください。

個人的におすすめのTwitter活用法は、自分の目標金額を稼いでいる人をフォローし、じっくりと観察して参考にさせてもらうことです。

例えば、もしあなたがアフィリエイトブログで月10万円稼ぎたいと思っているなら、Twitterで月10万円稼いでいる先輩ブロガーを探してフォローしてみるのです。そして日々のツイートを追い、どういった記事を更新しているのか、何を狙って記事を書いているのか参考にしましょう。

こうやって自分の一歩先や二歩先にいる人を観察することで「今の自分に何が足りていないのか」「何をすれば稼げるのか」が具体的にわかってきます。

僕も今でも目標とする人を随時フォローして、どういった思考をしているのか、どういった努力をしているのかを日々勉強しています。

ちなみに、フォローする人を探すときにはちょっとしたコツがあります。

まずはブログ業界でフォロワーの多い人を探して、その人をフォローしているブロガーアカウントにざっと目を通しましょう。その中から、自分の目標としたい人物がいれば逐一フォローしていき、タイムラインを目標とする人物で固めていくのです。こういった方法も利用して、情報収集に取り組んでみてください！

僕もTwitterで活動していますので、もし機会があればお会いできると嬉しいです。今回のコラムはこれでおしまいです。最後まで読んでいただきありがとうございました。

Chapter 3

今すぐできる！
ブログの作り方

それでは、実際にブログを作ってみましょう。本章では、アフィリエイトでお金を稼ぐ上でおすすめの「WordPress」について紹介します。
スクリーンショットを交えて丁寧に解説していきますので、「独自ドメイン」「レンタルサーバー」「WordPressをインストール」などと聞いて「なんだか難しそう」と思う方も安心してください。
本章を読み終わる頃には、ひととおりの設定が完了しているはずです。

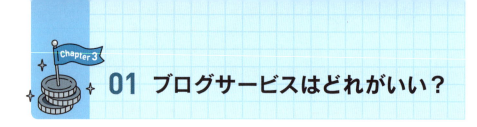

01 ブログサービスはどれがいい？

世の中にはたくさんのブログサービスがあります。とにかく操作が簡単、ユーザー同士の交流がしやすい、デザインを自由に変えられる……など、それぞれに特徴がありますが、本書では「WordPress」をおすすめしています。

 ### 「WordPress」とは

手軽にサイトやブログを作成するための無料ソフトウェアです。サーバーにインストールして使用します。

URL https://ja.wordpress.org/

WordPressを使用するためには、

- レンタルサーバー（有料：月額1,200円程度）
- 独自ドメイン（有料：年間 数百円程度）

が必要です（これらについては、p.68で詳しく説明します）。

COLUMN　WordPressは2つある

実は、WordPressには

- WordPress.com
- WordPress.org

の2種類があります。

前者（.com）は「はてなブログ」などと同様に、簡単なユーザー登録のみで利用できる無料ブログサービスです。

後者（.org）はサーバーにインストールして使うブログシステムです。本書ではこちらを利用してアフィリエイトブログを作る方法を解説します。

 なぜWordPressがいいの？

WordPressは他のブログサービスと比べて少し設定が面倒ですが、掲載可能な広告の種類やブログのデザインなど、全てにおいて**圧倒的に自由度が高い**です。「ブログを書く」ことが目的ならば無料のもので充分なのですが、「アフィリエイトブログとしてお金を稼ぐ」場合はWordPressがおすすめです。理由は次の3つです。

■ブログの見た目を簡単＆自由に変更できる

アフィリエイトで紹介する商品やサービスによって、適したレイアウトは異なります。長い文章を読みやすくする場合と、写真を魅力的に見せる場合とでは、ブログのデザインも違ってくるでしょう。

WordPressには多数の「テーマ」が用意されており、着せ替えのように手軽にデザインを変更できます。文字の大きさや段落、行間の微調整も柔軟に行うことができます。

■広告を自由に掲載できる

アフィリエイトをする場合、この点は特に重要です。ブログを通じてお金を稼ぎたい、収益を上げたいのであればGoogle AdSenseやアフィリエイトプログラムが利用できるサービスを選ぶことが大前提です。WordPressよりも手軽にはじめられるサービスはたくさんありますが、表示する広告を選べない

のは大きなデメリットです。

■ 独自ドメインを使用できる

「独自ドメイン」とは、いわゆるオリジナルのURLのことです。WordPressなら、「https://○○○.com」の○○○の部分を自由に設定できます。「.com」についても「.jp」や「.info」など、数多くの中から選択可能です。

独自ドメインを使用するメリットとして、

- URLがシンプルでわかりやすい
- 将来、ブログを作り直したくなった場合もURLを変更せずに引き継げる

という点が挙げられます。

ずっと無料ブログサービスで運営するなら問題ないのですが、ブログを続けるうちにもっと自由にブログを楽しみたくなるかもしれません。また、無料ブログサービスの場合、サービス自体が終了する可能性もあります。ブログを自由かつ安心して運営したいのであれば、独自ドメインの使用をおすすめします。

手軽さ重視なら無料ブログサービスもアリ

WordPressは便利ですが、初期設定の手間や、レンタルサーバーや独自ドメインに費用がかかる点がネックです。

「続けられるか不安だしお試しでやりたい」「初期費用ナシで気楽にはじめたい」といった方に向けて、無料ブログサービスも2つ紹介します。

■ アメーバブログ

URL https://ameblo.jp/

アメーバブログ（以下アメブロ）は、株式会社サイバーエージェントが運営する日本最大規模のブログサービスです。使いやすさは各種ブログサービスの中でもトップクラスで、初心者やパソコンが苦手な人でも簡単にブログを更新できます。アメブロのサービスは検索エンジンやSNSから集客するよりも、他のアメブロユーザーと交流を図りながら読者を集めることに向いています。

従来、アメブロはアフィリエイトなどの商用利用に対して消極的でしたが、2018年12月に規約が改定され「アメーバブログ商用利用ガイドライン」に沿った形での商用利用が可能になりました。

ただし、アメブロは独自ドメイン（URL）が使用できないので、ブログを移転する場合は、手作業で全ての記事を移行するか、まったくの新規ブログとして再出発する必要があります。

■ はてなブログ

`URL` https://hatenablog.com/

はてなブログは、株式会社はてなが運営するブログサービスです。基本的な機能は他のブログサービスと大差ありませんが、比較的検索エンジンに強いとの評判もあります。また、はてなが提供する「はてなブックマーク」（オンライン上のブックマーク。ユーザーどうしで共有したり、SNSと連動して拡散することができる。ブックマークが一定数集まった記事ははてなブックマークのページ内の目立つ位置に表示される。）との親和性が高く、他のブログサービスよりも「はてなブックマーク」からの集客がしやすいのも特徴です。

なお、有料プランに申し込めば、独自ドメインが利用できるようになります。ブログを移転する場合、アメブロと異なりデータの移行は可能ですが、URLは変わってしまいます。将来的にブログを移転する可能性があれば、最初から独自ドメインで運用することも検討してください。

Point！

- アフィリエイトブログで稼ぐならWordPressがおすすめ
- WordPressはとにかく自由度が高い
- 設定や費用の負担が気になるなら、無料ブログサービスもアリ

02 必要な設定と契約を済ませよう！

本節ではブログをはじめるために必要な契約や設定を行います。

ブログ開設までの流れ
❶ 独自ドメインを契約する
❷ レンタルサーバーを契約する
❸ レンタルサーバーにドメインを設定する
❹ レンタルサーバーにWordPressをインストールする
❺ SSL設定を行う
❻ WordPressにテーマを設定する

 独自ドメインを取得する

■ ドメインとは

　ドメインとは「https://www.」に続く文字列のことで、要はインターネット上の住所です。現実社会でも同じ住所が存在しないのと一緒で、ドメインも世界に1つだけの文字列になります。
　ドメインはあなたのブログのアドレス（URL）にもなりますし、メールアドレスの＠以降の文字列にもなります。ドメインが長すぎると名刺などに掲載するスペースを取る上に認識しづらいので、短め、かつブログテーマに関連した意味のある文字列にするのがよいでしょう。

■ ムームードメインで契約

　本書では独自ドメイン取得に「ムームードメイン」というサービスを使います。他にもさまざまなドメイン手続きサービスはありますが、ムームードメインの場合、申し込み手続きや、管理画面が簡単なのでおすすめです。

手順1

ムームードメインのサイトにアクセスして、「欲しいドメインを入力」と書かれている検索バーに、使いたい文字列を打ち込んで検索しましょう。

好きな文字列を入力して検索

URL https://muumuu-domain.com/

「カートに追加」ボタンが出ていれば、そのドメインは利用可能です。なお、金額は1年間の使用料金です。

クリック

手順2

使いたいドメインを決め、「カートに追加」ボタンを押すと契約画面に移動します。契約のためには、ムームードメインのIDを作成する必要があります。

手順3

ムームードメインのIDを作成します（AmazonやFacebookのアカウント、またはメールアドレスを利用して登録できます）。

手順4

IDを作成したら、支払い手続きに進みます。終わりのほうに「お支払い」項目がありますので、契約年数と支払い方法を選択します。
入力が終わったら「次のステップへ」ボタンをクリックします。

（付属サービスの紹介が表示されますが、無視して構いません。）

手順5

確認画面が表示されますので、誤りがなければ「取得する」ボタンをクリックします。これで登録したドメインはあなただけが利用できるようになります。

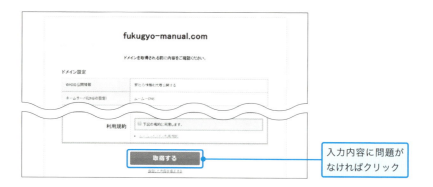

レンタルサーバーを契約する

　レンタルサーバーは、先ほど取得した独自ドメインや、WordPressのようなソフトウェアなど、必要なデータを置いておくための土地のようなものです。

■ エックスサーバーを借りる

　ここでは、初心者から中級者まで、幅広い層が利用している「エックスサーバー」を例に説明します（スペックや金額が高すぎると思ったら「ロリポップ！レンタルサーバー」もおすすめです。その場合は、月額500円のスタンダード以上のプランを推奨します）。

手順1

エックスサーバーのホームページにアクセスし、サーバー無料お試しの「お申し込みはこちら」をクリックします。

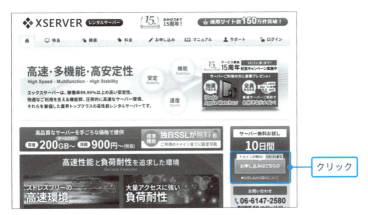

URL　https://www.xserver.ne.jp/

手順2

お申し込みフォームが表示されるので、「10日間無料お試し 新規お申し込み」をクリックし、手続きを進めます。

![申し込みフォーム画面]

なお、エックスサーバーは無料お試し期間が10日間あるので、使いこなせないと思ったらキャンセルも可能です。

手順3
必要情報の入力画面が表示されます。プランは「X10プラン」を選択すればOKです。
入力が終わったら規約を確認し、問題なければ『「利用規約」「個人情報の取扱いについて」に同意する』にチェックを入れて「お申込内容の確認」ボタンをクリックします。

最後に確認画面が表示されるので、誤りがなければ「お申し込みをする」ボタンをクリックします。これでエックスサーバーの申し込みは完了です。
登録したメールアドレスにログイン情報が記載されたメールが届くので、大切に保管しておきましょう。

レンタルサーバーにドメインを設定する

　ここまでで、独自ドメインとレンタルサーバーの契約が終わりました。次は、この独自ドメインとレンタルサーバーを紐づける作業を行います。サーバー側、ドメイン側でそれぞれ設定を行います。これまでと同様に、書いてある手順どおりに進めば正しく設定できます。

■ エックスサーバー側の設定を行う

手順 1

エックスサーバーの「サーバーパネル」にログインします。
ログイン情報メールに記載されている「サーバーアカウント」を参照してください（ユーザーアカウントではありません！）。

手順 2

ログインするとサーバーパネルの管理画面が表示されるので、右側の「ドメイン」内にある「ドメイン設定」をクリックして開きます。

ドメイン設定画面に変わったら「ドメイン設定の追加」タブをクリックし、ドメイン名に取得した独自ドメインを入力します。入力が完了したら「ドメイン設定の追加（確認）」ボタンをクリックします。

すると確認画面が表示されるので、誤りがなければ「ドメインの設定の追加（確定）」をクリックします。登録が完了すると次のような画面が表示されます。

ほとんどの場合「無料独自SSLの設定に失敗しました」と表示されますが、後ほど再設定するのでこのままにしておいて問題ありません（SSL設定についてはp.79で解説します）。

■ ムームードメイン側の設定を行う

手順 1

ムームードメインの管理画面にログインします。

手順 2

左側メニュー内の「ドメイン操作」→「ネームサーバ設定変更」をクリックします。

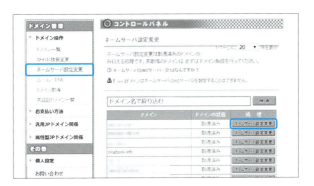

先ほど取得したドメインが表示されるので、「ネームサーバ設定変更」ボタンをクリックします。

表示された画面下部にて「GMOペパボ以外のネームサーバを使用する」という項目を選択し、ネームサーバ1〜5に以下の内容を入力します。この入力内容はエックスサーバーを契約した際に送られているメール内に記載されています。

▼ ネームサーバ

```
ネームサーバ1：ns1.xserver.jp
ネームサーバ2：ns2.xserver.jp
ネームサーバ3：ns3.xserver.jp
ネームサーバ4：ns4.xserver.jp
ネームサーバ5：ns5.xserver.jp
```

入力が終わったら「ネームサーバ設定変更」ボタンをクリックします。

手順3

「ネームサーバの設定変更を行ってもよろしいですか。」といった内容の確認メッセージが表示されたら「OK」ボタンをクリックしてください。早ければ30分、遅くても24時間ほど待つとドメインとサーバーが接続されます。

■ レンタルサーバーの料金支払いを忘れずに

　ひとまずドメインとサーバーの接続作業は終わりましたが、エックスサーバーの契約は10日間の試用期間のままになっています。このままでは10日後に使えなくなってしまうので、忘れずに正式契約をしておきましょう。

手順1

エックスサーバーの「インフォパネル」にログインし、左メニューにある「料金のお支払い」をクリックします。

「サーバーご契約一覧」が表示されるので、「試用」になっている箇所にチェックを入れ、次に「更新期間」を選択します。

長期契約になればなるほど、1ヶ月間の単価は安くなります。更新期間を決めたら「お支払い方法を選択する」ボタンをクリックし、手続きを進めましょう。
※なお、初回は初期費用の3,000円が計上されます。

　これで、ブログを運営するために必要な「独自ドメイン」と「レンタルサーバー」の準備が完了しました。

レンタルサーバーにWordPressをインストールする

　いよいよWordPressです。契約したサーバーにWordPressをインストールしましょう。

手順 1
エックスサーバーの「サーバーパネル」にログインして、左下の「WordPress」内にある「WordPress簡単インストール」をクリックします。

COLUMN　WordPressのインストールツール

　エックスサーバーではWordPressを簡単にインストール・設定するための機能が提供されています。
　エックスサーバー以外でも、ロリポップなどのメジャーなレンタルサーバーにはWordPressのインストール機能が付いていますので、別のサーバーを利用している方もほぼ同様の方法でインストールできるはずです。

手順2

簡単インストールをクリックすると、登録しているドメインが表示されますので、「選択する」をクリックします。

手順3

項目に必要事項を入力していきます。「インストールURL」は空欄のままで構いません。ブログ名は後から変更も可能ですが、ユーザー名の変更はできませんので注意しましょう（後でユーザーの追加は可能です）。
必要事項を入力し終わったら右下の「インストール」ボタンをクリックします。確認画面が表示されますので、誤りがなければインストールを進めます。

インストール終了後、WordPressのログイン画面のURLやID（ユーザー名またはメールアドレス）、パスワードが表示されるので、忘れずにメモしておきましょう。

手順4
表示されたログインURLにアクセスして、ID（ユーザー名またはメールアドレス）とパスワードを入力し「ログイン」ボタンを押すとWordPressの管理画面にログインできます。これでブログを書くための最低限のシステムができあがりました。

 ## SSLを設定する

WordPressをインストールしたので、ブログ記事を書きはじめることができますが、ここでセキュリティ設定も最初に済ませておきましょう。

■ SSLとは

検索エンジン最大手のGoogleが推奨するセキュリティ向上のための仕組みで、今後、インターネット通信の主流になります。URLの先頭部分を「http」から「https」にします。この設定をすることで、ウェブサイトを見る際の安全性が向上します。

SSL設定をしていないと、ブログのURL部分に「保護されていない通信」と警告が出るようになります（Google Chromeブラウザから見た場合）。

自分のブログが「保護されていない」と表示されたら嫌ですよね。設定も非常に簡単なので、最初にやっておきましょう。

■ SSLの設定手順

　エックスサーバー側、WordPress側でそれぞれ設定を行います。はじめにエックスサーバー側の設定手順です。

手順 1

エックスサーバーの「サーバーパネル」にログインし、「ドメイン」内の「SSL設定」をクリックします。

手順 2

「ドメイン選択画面」が表示されるので、追加したドメインを選択します。「SSL設定」にて、「独自SSL設定の追加」タブを選択し、「独自SSL設定を追加する（確定）」ボタンをクリックします。

これでエックスサーバー側の設定は完了です（反映に最大で1時間程度かかります）。

次は、WordPress側の設定方法です。

手順 1
WordPressの管理画面にログインし、「設定」メニューの「WordPressアドレス（URL）」と「サイトアドレス（URL）」を、httpからhttpsに変更して保存します。

いちどWordPressの管理画面からログアウトされるので、再度同じIDとパスワードでログインします。

手順 2
プラグインメニューの新規追加から「Really Simple SSL」というプラグインをインストールして有効化します。

なお「Really Simple SSL」は、右上のキーワードと書かれた検索バーに「SSL」と入力すると自動的に表示されます。

手順3

プラグインを有効化するとSSL移行準備が整ったという表示が出ますので、「はい、SSLを有効化します。」ボタンをクリックします。

もしこの画面が表示されずにエラーが出るようであれば、まだサーバー側のSSL設定が反映されていない可能性があるので、時間を置いて再チャレンジしましょう。

上部のURLが「https」になっていれば設定完了です。

WordPressにテーマを設定する

　WordPressには、数多くの開発者やデザイナーが作り出したデザインテンプレートがあります。このテンプレートを「テーマ」と呼びます。WordPressにテーマを追加することで、ブログの見た目を簡単に好みのデザインに変更できます。

　管理画面の左側にある「外観」→「テーマ」からデザインを変更することができます。「新規追加」ボタンをクリックし、WordPressコミュニティ内に登録されているテーマを検索することもできますし、外部のサイトで提供しているテーマをアップロードして利用することも可能です。

■ **おすすめの無料テーマ3選**

　WordPressのテーマは星の数ほど存在します。その中で、私がよいと思うテーマを紹介します。まずは無料で配布されているテーマです。

　シンプルなものから多機能なものまであるので、実際にダウンロードして使ってみることをおすすめします。

❶ Cocoon
　https://wp-cocoon.com/
❷ yStandard
　https://wp-ystandard.com/
❸ Nishiki
　https://support.animagate.com/product/wp-nishiki/

■ **おすすめの有料テーマ3選**

　続いて有料のテーマを紹介します。有料テーマの特徴として、機能面の充実ももちろんですが、サポート体制がしっかりしていることが挙げられます。

　無料テーマを使ってみて満足できなかったり、もっと欲しい機能があるという場合は有料テーマを選択することも1つの方法です。

❶ Snow Monkey
　https://snow-monkey.2inc.org/
❷ JIN（ジン）
　https://jin-theme.com/
❸ Nishiki Pro
　https://support.animagate.com/product/wp-nishiki-pro/

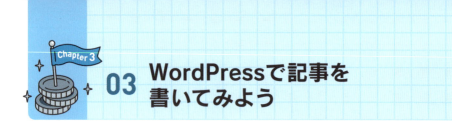

03 WordPressで記事を書いてみよう

ブログの設定が済んだところで、いよいよ記事を書いてみましょう！WordPressでは「投稿」という項目から記事を書くことができます。

手順1

「投稿」→「新規追加」を選択すると、新しい記事の入力画面が表示されます。

手順2

最初は次のような説明が表示されます（説明文の右上にある×の箇所をクリックすると非表示にできます）。

手順3

「タイトルを追加」と表示されている箇所は記事のタイトルになります。読者が読みたくなるような、わかりやすいタイトルを入力しましょう。

手順4

タイトルの下が本文の入力箇所です（＋のボタンをクリックすると、本文内で表記できる項目が表示されます）。
「見出し」という項目を選択すると、本文よりも大きい見出しを入力することが可能です。「段落」を選択すると、本文を入力できます。

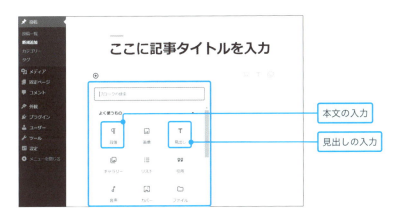

「画像」をクリックすると、アップロードしたい画像を選択する画面が表示されます。記事に掲載する画像を挿入することができます。

WordPressにはさまざまな入力項目があります。まずはいろいろと使ってみて慣れることが大切です。以下の記事に入力項目がまとまっているので、参考にしてください。

WordPress5.0から導入されたGutenberg（グーテンベルク）の使い方
〜ブロックの種類まとめ〜

`URL` https://www.communitycom.jp/shop/blog/how-to-use-gutenberg/

`手順5`
本文の入力が終わったら、右上の「プレビュー」ボタンをクリックします。実際に表示される画面を確認することができます。

手順6

問題がなければ「公開する」ボタンをクリックします。すると、記事が公開されます。

　いちど公開した記事でも、再編集や非公開にすることが可能なので、安心して記事を投稿してみましょう。

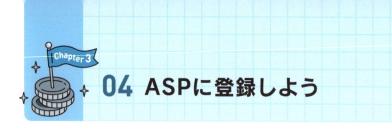

04 ASPに登録しよう

 A8.netに登録しよう

A8.netは日本最大級のASPの1つで、累計の広告主は20,000社を超えています。

`URL` https://www.a8.net/

6,000件近いアフィリエイトプログラムが常時稼働しているので、メジャーな案件からニッチな案件まで幅広く商品やサービスを探すことができます。審査も比較的緩やかなので、初心者でも申請しやすいASPです。

手順 1

A8.netのトップページから「アフィリエイトをはじめてみる！」をクリックします。

登録画面が表示されるので、メールアドレスを登録します。

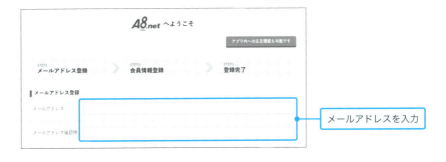

手順 2

登録したメールアドレスにA8.netの会員登録用のURLが送られてくるので、このURLをクリックして本登録用のページを表示します。

手順 3

ログインIDやパスワード、個人情報などを入力します。続いて、ブログ情報を登録します。ブログタイトルやURL、ページビューやサイトの紹介文などを記入しましょう。

最後に報酬振込先の銀行口座を入力すれば登録完了です。

他にも登録しておきたいASP

　ASPにもいくつか種類が存在し、それぞれに得意とする広告のジャンルがあります。ここでは代表的な2つを紹介します。

①バリューコマース
`URL` https://www.valuecommerce.ne.jp/

　バリューコマースは広告主のジャンルも幅広く、非常に数多くのプログラムを提供しているバランスのよいASPです。
　Yahoo!系のアフィリエイトプログラムを独占して取り扱っており、Yahoo!ショッピングやヤフオク！で取り扱っている商品を紹介したい場合はぜひ提携しておきましょう。また、リクルート系のサービス（就職からグルメ、不動産など）も独占提供しています。

②afb（アフィb）
`URL` https://www.afi-b.com/

　afb（アフィb）は管理画面の使いやすさや、アフィリエイト報酬の受け取りやすさなどが評価され、満足度率5年連続No.1（2019年11月時点）を獲得しているASPです。
　定期的にセミナーも開催しており、アフィリエイトをはじめる方法がわからない初心者から上級者までサポートしています。さらに報酬の最低支払い額が777円となっており、初心者でも初報酬が入金されやすいのも嬉しいポイントです。

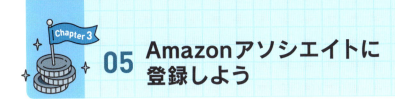

05 Amazonアソシエイトに登録しよう

Amazonで扱っている全商品を紹介できる

　Amazonで取り扱う1,000万点以上の商品をアフィリエイトとして紹介できます。書籍や家電、アパレルや日用品……と、幅広い商品が含まれるため、自分の得意なジャンルに紐づけやすいです。利用にあたって審査がありますがそれほど厳しくないので、初心者でもチャレンジしやすいプログラムです。

URL https://affiliate.amazon.co.jp/

　成果報酬の料率は最大で10％程度で、1商品あたりの最大報酬額は1,000円となっていますが、まとめ買いなどの導線もしっかりしており、使い方によっては相当額の報酬を得られるプログラムです。

　物販のほか、「Amazonプライム」や「Kindle Unlimited」のような定額サービスに申し込んでもらうことで、1件につき500円の報酬（※執筆時点）を得ることも可能です。

Amazonアソシエイトの審査について

　Amazonアソシエイトを利用するには審査があるため、次の点に注意して申請しましょう。

コンテンツの量（ブログの記事数）
　目安としては10記事程度、公開日をずらして投稿すれば審査に通りやすい印象です。

申請に利用するAmazonアカウントの購入履歴
　Amazonアソシエイトの利用には、Amazonアカウントが必要です。すでに使ったことのあるアカウントがあればそれで申請するか、新規作成の場合はいちど買い物をしてみましょう。

　それでは、Amazonアソシエイトの登録・審査手順を解説していきます。

`手順1`
トップページで「無料アカウントを作成する」ボタンをクリックします。

まだAmazon.co.jpのアカウントを持っていない人はAmazonアソシエイトのURLで、Eメールアドレスを入力し、「初めて利用します」を選択し「サインイン」のボタンをクリックします。

[Amazonログイン画面の図]

すでにAmazon.co.jpのアカウントを持っている人はメールアドレスとパスワードを入力してサインインし、 手順3 に進んでください。

手順2

Amazon.co.jpアカウント作成に必要な、名前やパスワードなどの情報を入力し、「Amazonアカウントを作成」ボタンをクリックします。

手順 3

住所などのアカウント情報を入力します。

手順 4

申請したいブログのURLを入力します。

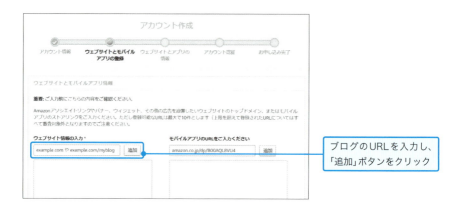

ブログのURLを入力し、「追加」ボタンをクリック

手順 5

希望するIDと、ブログの情報を入力します。
最後に認証作業を行えばAmazonアソシエイト側の審査が開始されます。審査が終了するまで数日待ちましょう。
審査は何度でも申し込めるため、通らなかった場合は記事を増やしてから再度試してみてください。

06 楽天アフィリエイトに登録しよう

 楽天アフィリエイトはジャンルが広い

　楽天アフィリエイトは、楽天市場で取り扱っている5,000万点以上の商品はもちろんのこと、楽天トラベル、楽天オークション、楽天カードなど、幅広いジャンルのサービスを紹介して報酬を得ることができます。

URL https://affiliate.rakuten.co.jp/

　報酬率はショップや実績により2%〜8%まで変動するため、ものによっては高額の報酬を得ることも期待できます。

　楽天会員IDがあれば誰でもアフィリエイトプログラムの利用ができるので、初心者でも取り組みやすいのが強みですが、原則として報酬が楽天ポイント（楽天キャッシュ）という電子マネーで支払われるというデメリットもあります。なお、3ヶ月連続で月間5,000ポイント以上の成果報酬を獲得している人は銀行振込への切り替えも可能です。

楽天アフィリエイトの利用登録

楽天アフィリエイトは、楽天会員IDがあれば誰でも利用できます。
利用登録の流れは次のとおりです。

手順1

楽天市場のアカウントでログインします。持っていない場合は、新規に作成しましょう。

手順2

必要事項に入力し、「以下の規約に同意して入力内容を確認する」ボタンをクリックします。

以降は指示どおりに進めていけば楽天市場や楽天アフィリエイトで利用できるIDを取得できます。

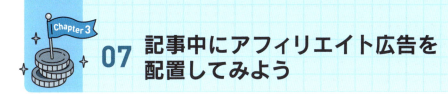

07 記事中にアフィリエイト広告を配置してみよう

ASPに登録したら、実際にブログで商品を紹介してみましょう。本節ではAmazonアソシエイト、楽天アフィリエイト、A8.netを例に解説します。

 Amazonアソシエイトの広告を配置する

手順1

Amazonアソシエイトにログインし、紹介したい商品を検索します。

紹介したい商品を検索

手順2

紹介したい商品の右側にある「リンク作成」ボタンをクリックします。

クリック

手順 3

下部に表示されているリンク（アフィリエイトコード）をコピーします。
形式は「テキストと画像」「テキストのみ」「画像のみ」の中から選択できます。

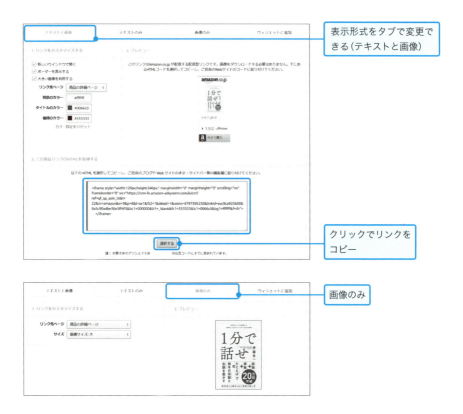

手順 4

コピーしたリンクは、WordPressの管理画面の「新規追加」画面から
「フォーマット」→「カスタムHTML」をブログに貼り付けることができます。

リンクを
貼り付ける

ブログ記事にはこのように表示されます。

楽天アフィリエイトの広告を配置する

手順 1

楽天アフィリエイトにログインします。商品名やキーワードが決まっている場合は左側の検索条件に検索したい商品名またはキーワードを入力して検索します。楽天市場内の商品ページのURLがわかっている場合は、右上の検索窓にURLを入力し「作成」ボタンをクリックします。
該当する商品が検索結果に表示されたら、右側の「商品リンク」ボタンをクリックします。

手順 2

アフィリエイトリンク生成画面が表示されます。画像やテキスト、サイズ、配色などを、プレビューを見ながら設定します。

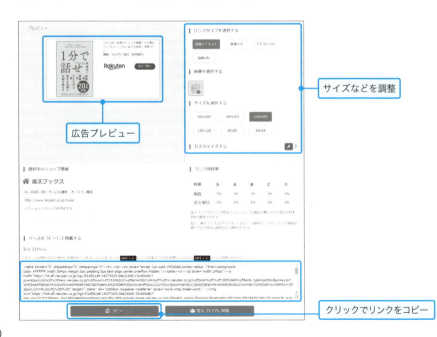

手順 3

リンクをコピーしてブログに貼り付けます。Amazonアソシエイトのときと同様に、「新規追加」画面→「フォーマット」→「カスタムHTML」から設定できます。

ブログ記事には次のように表示されます。

A8.netの広告を配置する

手順1

A8.netでアフィリエイトプログラムを探して提携申請をします。承認されるとアフィリエイトリンクを利用できるようになるので、「広告リンク作成」ボタンをクリックします。

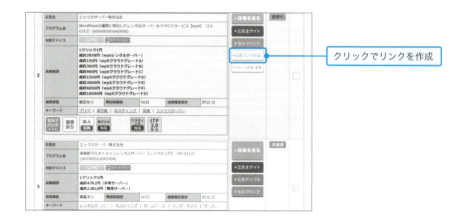

クリックでリンクを作成

報酬が発生する条件もここで確認できます。

手順2

テキストリンクやバナーリンクなどが表示されるので、貼り付けたい広告のリンクをコピーします。

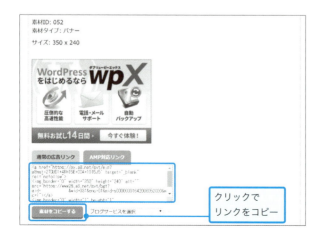

クリックでリンクをコピー

手順 3

これまでと同様に「フォーマット」→「カスタム HTML」からリンクを設定します。

ブログ上に広告が表示されれば成功です。

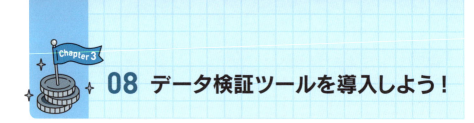

08 データ検証ツールを導入しよう！

　データ検証ツールを使えば、「1日にどれぐらいの人が見に来たか」「どこのサイトやSNS経由で人がやってきたのか」など、各種データを取得できます。こうしたデータは記事の作成や宣伝にとても役立ちますので、最初のうちから導入することを強くおすすめします。

　今回設定するのは、Googleが提供している「Google Analytics（グーグル アナリティクス）」と「Google Search Console（グーグル サーチ コンソール）」の2つです。本書執筆時点では、どちらも無料で利用できます。

 ### Google Analyticsの導入

　Google Analyticsとは、Googleが提供しているアクセス解析ツールです。1アカウントにつき1ヶ月あたり1,000万ヒットを上限として無料で利用できます。

Google Analytics
`URL` https://www.google.com/intl/ja_jp/analytics/

　Google Analyticsを導入することで、あなたのブログの訪問者数（ユーザー数）、PV（ページビュー）数、人気のある記事、流入経路（検索エンジンやSNS）などのデータを取得できるようになります。

手順1
Google Analyticsを利用するためには、まずGoogleアカウント（Gmailアカウント）が必要になります。すでにGoogleアカウントを持っている人は、そのアカウントを利用できます。持っていない方は新規に作成しましょう。

手順 2

GoogleアカウントとパスワードでGoogle Analyticsにログインします。Googleアナリティクスの申し込み画面が表示されるので、「お申し込み」をクリックします。

手順 3

アカウント作成画面が表示されるので、必要事項を入力していきます。
（英語で表示された場合は国を「日本」に変更しましょう。）
入力後に「トラッキングIDを取得」ボタンをクリックすると、Google Analyticsの利用規約が表示されるので、一読した後に「同意する」をクリックします。

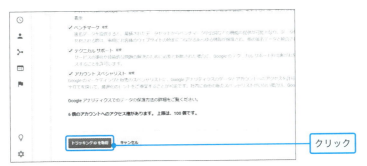

クリック

利用規約に同意した後に表示されるトラッキングIDがGoogle Analyticsでデータを収集する際に必要になります。

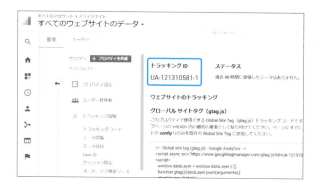

手順4

取得したトラッキングIDをWordPressに設定します。方法はいくつかありますが、代表的なやり方を2つ紹介します。

①デザインテーマからトラッキングIDを挿入する

　最近のデザインテーマには、外観メニュー内の「カスタマイズ」からGoogleアナリティクスのトラッキングIDを挿入できる機能がついているものもあります（p.83で紹介しているデザインテーマは全て、テーマの機能としてトラッキングIDが入力できるようになっています）。

②プラグインで導入する

　プラグインメニュー内の「新規追加」から「Analytics」というキーワードを打ち込むことで、複数のプラグインが表示されます。上位に表示されるプラグインがよく利用されているプラグインです。

これでGoogle Analyticsの設定が完了しました。以降、ブログを訪れた人数や、流入経路といった情報を確認できるようになります。

 ## Google Search Consoleの導入

Google Search Consoleとは、Googleの検索結果上の掲載順位を監視、管理、改善するのに役立つGoogleの無料サービスです。

導入しておくとGoogleの検索エンジンに認識されやすくなる（＝読まれやすくなる）ため、あわせて設定しておきましょう。

Googleアナリティクスで使ったGoogleアカウントをそのまま利用できます。

Google Search Console
URL https://search.google.com/search-console/

手順 1
Google Search Consoleにログインし、左上の検索ボックスに登録したいURLを入力すると、「＋プロパティを追加」という項目が表示されるので、クリックします。

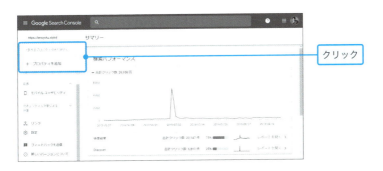

手順2

プロパティタイプの選択画面が表示されるので、URLプレフィックスの入力エリアにURLを入力し、「続行」ボタンをクリックします。

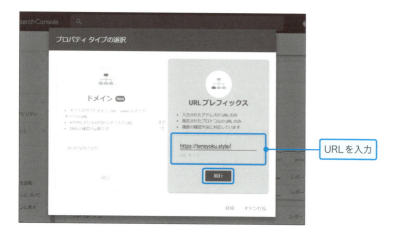

手順3

所有権の確認画面が表示されるので、確認方法を選択します。今回はGoogleアナリティクスアカウントを使用する方法で認証申請を行います。

WordPressにアナリティクスのコードを設定している場合は、「確認」ボタンをクリックするだけで所有権の確認ができます。

Googleアナリティクスアカウントを使わずに行う場合は、「その他の確認方法」を選ぶこともできます。

クリックして確認方法を選択

クリック

「所有権を確認しました」と表示されれば成功です。

「プロパティに移動」ボタンをクリックすると、データの表示画面へ移動します

この画面からクリック数などの情報を確認できます。

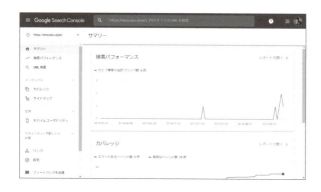

これにて、最初にやっておきたい設定は全て完了です。

　また、以下のブログはWordPressの設定からツールの導入までわかりやすく解説されているので、こちらも参考にしてみてください。

完全初心者のためのブログの始め方
URL https://hitodeblog.com

3 今すぐできる！ ブログの作り方

おつかれさま

Blogger Interview

03 リサーチは徹底的に！
一番わかりやすい記事を書くことを心がける

いつまでもアフタースクール

アフタースクール

いつまでも

高校卒業7日前に中退。その後、起業したぼくのオピニオンブログ。

URL https://www.buntadayo.com/　　**運営者** ぶんた氏

▶ ぶんた氏について

ブログ「いつまでもアフタースクール」を運営しているぶんたです。

高校を中退して起業。その後、イベント、ケータリング、Web制作、コンサル事業などを展開し、その経験を発信したいと思いブログをはじめました。

はじめは自分の思ったことを綴るオピニオンブログだったのですが、徐々に収益化を行い、アフィリエイトを本格的にはじめてから1年ほどで月の収益が200万円を超えました。

今は全体の事業の中でもブログの収益が特に大きく、他にもサイトを運営しながら事業を継続しています。

ブログでは僕が起業したときに培った経験や普段思ったことを記事としてあげていますが、アフィリエイトで稼いでる記事はキャリアや金融関連が多いです。

▶ アフィリエイト商材の選び方と初成果のタイミング

僕の場合、アフィリエイト商材は「単価」を一番に考えて選んでいます。

できれば1万円を越えるものがいいですね…。

もちろん承認率は高いに越したことはありませんが、発生単価3万円/承認率30%であれば1件あたりの獲得期待値が9,000円なので、充分かなと思います。

単価が1,000円の案件を100件取っても10万円にしかなりませんが、単価10,000円の案件を100件なら100万円です。ジャンルによりますが、

1件獲得あたりの労力はそこまで大きく変わらないこともあるので、どうせやるなら単価の高い案件のほうがいいですね。

アフィリエイトで成果が出たタイミングはブログをはじめて4ヶ月経った頃です。

当時はSNSで大きくバズっていたので、バズった記事にアフィリエイトを挿入したところ、はじめて収益を発生させることができました。

その2ヶ月後くらいから本格的にアフィリエイトをやりはじめ、当時は競合がほとんどいなかったプログラミングスクールジャンルに参入しました（今後アフィリエイトをはじめる人は、競合が少ないジャンルを探すのがおすすめです！ 狙っているキーワードで調べて、あまりアフィリエイトサイトが出てこないジャンルを見つけましょう）。とにかく一番わかりやすく、情報を網羅した記事を書き続け、その後3ヶ月後ほどで月50万円を突破しました。

また、はじめての人でもバズらせるコツとしては、例えば「映画の公開日午前中に解説記事を書いてSNSに投稿する」など、一度トレンド系の記事に挑戦するのがいいと思います。一度アクセスを集めることを体感できれば、アフィリエイトで報酬を上げる感覚を掴めると思います。

▶ 商品紹介において気をつけるべきポイントとは？

「記事を読んだ人が実際に使用している場面をイメージできるかどうか」を重視しています。

商品の情報は公式サイトに書いてあるので、その情報を元にどれだけ読者の生活に沿って記事を書けるかは重要だな...と強く感じます。

例えば、ベンツを紹介する際に「スピード」や「耐久性」などを文章に押し出しても、商品を買ったときの価値をイメージできません。

こうした公式サイトに書いてあるような「機能」ではなく、買った人の生活を変える「ベネフィット」を書いたほうがいいです。

ベンツで言えば「周りの友人からの見る目が変わる」などです。

また、明らかに他の商品のほうが使いやすいな、と思うものは紹介しづらいですね...。そういった商品を紹介しても、やはり文章に出てしまいますし、読者も「なんでこの商品紹介してるんだ？ 明らかに他の商品のほうがいいのに...」となってしまいますので、この点は単価に振り回されずに考

えたほうがいいです。

▶ これからはじめる方へのメッセージ

まず、ベンチマークすべきサイトやブログを決めてください。

そして、いったん決めたら徹底的に読み込みましょう。全記事最低3回は読んでください。

すると「なぜこの記事で売れるのか？」「なんでここにリンクがあるのか？」「どうしてこの構成なのか？」といった点にまで目が行くようになります。

特に気をつけて読むべきポイントは「記事の構成」です。記事の構成はそのまま自分のブログにも応用できるので、必ず参考にしたほうがいいですね。

例えば、レッドオーシャンジャンルのキーワードを調べるとします。

「キャッシング」などで調べて上位に出てくる記事の構成をそのまま自分のサイトにも応用するなど、難しいジャンルの記事ほど、構成も緻密で記事もわかりやすいので、そのまま参考にしてください。

これを意識していいところは取り入れながらご自身のサイトに置き換えて考えていくといいですね。

一気に成果を出したいなら、すでに結果を出しているサイトの読み込みやリサーチが要だと思います。

何事も目標や目指すべき型がなければ、効率よく進むことはできません。

僕の場合は当時、月に150万円をブログで稼いでいた沖ケイタさんのブログ「ハイパーメモメモ」をくまなく読み込みました。

他にも狙っているキーワードで上位に表示されているサイトは必ず読み込みましょう。

極端な話「狙っているキーワードで調べ、自信を持って一番わかりやすいと言える記事」を書くことが大前提です。もし、そこまで自信を持って記事を書けないならば、リサーチが足りません。ブログはWEB上の営業マンなので、目の前の人に営業できるくらい徹底的に知識を付けましょう。

ブログのアクセス数や収益を増やす（基本編）

ブログの成果を伸ばすために知っておきたいことや、やっておきたいことを説明します。「基本編」では、記事を書く前の段階の話を中心に解説していきます。

01 毎日1%の変化と学習曲線

　ブログを書きはじめるにあたって、最初にお伝えしたいことがあります。それは**「人間の性質として、新しいことをはじめる（続ける）にはエネルギーが必要」**ということと、**「努力の結果は正比例して表れない」**ということです。

　人間には、毎日の習慣というものが必ずあります。例えば、起床し、朝ごはんを食べ、身支度を済ませ、SNSをチェックし、通勤し、働き、ランチを食べ、働き、同僚と食事に行き、帰宅し、お風呂に入って、趣味の時間を満喫し、そして就寝します。

　あなたにも、おおよそ決まった生活習慣があると思います。ここに「ブログを書く」という新しい習慣を入れることにより、今までの生活によくも悪くも影響が生じます。

　趣味の時間や睡眠時間が減ったという人もいるでしょう。通勤時間をブログのために使うようになったという人もいるでしょう。たった1つ「ブログを書く」という変化を加えるだけでも違和感があるはずです。そして、**ブログで結果を出すためには継続が何より重要です。**

　だからこそ、最初に生活を変化させることの大変さと、毎日1%でも変化させ続けることによって大きな成果が得られること、そして努力が結果として表れるまでにはタイムラグがあることをお伝えしておきます。

　ゴールの見えない行動には不安がつきまといますが、知識さえあればコツコツと続けられるはずです。誰でも「新しいことをはじめるのは大変」で、「続けることによって自分の能力が向上」し、「努力と結果は正比例しない」ものです。

毎日1%の努力によって変わる世界

　毎日1%ずつ成長するのか、それとも1%ずつ妥協するのかによって、自分の未来は大きく変わります。もちろん、厳密に1%成長する（妥協する）ことはできないので、あくまでも感覚の話なのですが、今日よりも明日、明日より明後日と今の自分を一歩でも超えるつもりで行動し続けることで、少しずつかもしれませんが人の能力は向上します。

　私は、お恥ずかしながら筋トレをはじめたときはベンチプレス30kgが限界

だったのですが、1年続けたらベンチプレス60kgを上げられるようになりました。3年続けた現在は85kgまで上げられるようになりました。

▼ 100を毎日1％減らす、1％増やすと…

日数	x 0.99	日数	x 1.01	日数	x 0.99	日数	x 1.01	日数	x 0.99	日数	x 1.01	日数	x 0.99	日数	x 1.01	日数	x 0.99	日数	x 1.01
1	100.00	1	100.00	16	86.01	16	116.10	31	73.97	31	134.78	46	63.62	46	156.48
2	99.00	2	101.00	17	85.15	17	117.26	32	73.23	32	136.13	47	62.98	47	158.05
3	98.01	3	102.01	18	84.29	18	118.43	33	72.50	33	137.49	48	62.35	48	159.63
4	97.03	4	103.03	19	83.45	19	119.61	34	71.77	34	138.87	49	61.73	49	161.22
5	96.06	5	104.06	20	82.62	20	120.81	35	71.06	35	140.26	50	61.11	50	162.83
6	95.10	6	105.10	21	81.79	21	122.02	36	70.34	36	141.66	51	60.50	51	164.46
7	94.15	7	106.15	22	80.97	22	123.24	37	69.64	37	143.08	52	59.90	52	166.11
8	93.21	8	107.21	23	80.16	23	124.47	38	68.94	38	144.51	53	59.30	53	167.77
9	92.27	9	108.29	24	79.36	24	125.72	39	68.26	39	145.95	54	58.70	54	169.45
10	91.35	10	109.37	25	78.57	25	126.97	40	67.57	40	147.41	55	58.12	55	171.14
11	90.44	11	110.46	26	77.78	26	128.24	41	66.90	41	148.89	56	57.54	56	172.85
12	89.53	12	111.57	27	77.00	27	129.53	42	66.23	42	150.38	57	56.96	57	174.58
13	88.64	13	112.68	28	76.23	28	130.82	43	65.57	43	151.88	58	56.39	58	176.33
14	87.75	14	113.81	29	75.47	29	132.13	44	64.91	44	153.40	59	55.83	59	178.09
15	86.87	15	114.95	30	74.72	30	133.45	45	64.26	45	154.93	60	55.27	60	179.87

　表を見れば一目瞭然ですよね。**毎日、何かしら言い訳して余力を残して生きている場合と、自分の限界を超えるつもりで行動している場合とでは、たった1ヶ月で75：133という大きな差になります。2ヶ月後だと55：180になります。なんと60日で、少しの怠惰と少しの努力の差は積もり積もって3倍以上になるわけです。**

　毎日のほんの少しの差が、期間が延びれば延びるほど大きな違いになります。有名な格言に「意識が変わると行動が変わり、行動が変わると習慣が変わり、習慣が変わると人生（人格）が変わり、人生が変わると運命が変わる」という言葉もありますが、**よくも悪くも自分の人生を決められるのは自分だけなのです。**

　そして自分で変えられるのは「今」だけです。未来はこの瞬間の積み重ねですし、過去は単なる記憶です（しかも自分に都合よく書き換えられています）。そして新しいことをはじめようと思ったとき、最も若い時期は「今」です。

　よくブログ運営は筋トレにも例えられますが、毎日積み上げた努力は裏切りません。もし、何かを変えたいのであれば、まず目の前の事象を大切にすることからはじめましょう。

学習曲線と学習高原

　勉強でもスポーツでも、一生懸命練習しているのにもかかわらず伸び悩むことはよくあります。それでも諦めずに練習を続けていたら、急に成績が伸びたという経験はありませんか？

　人間の能力は鍛錬を積むことで伸びますが、残念ながら練習量（時間）と成果が正比例して伸びていくわけではありません。次ページのグラフのように、

一気に伸びる時期と、停滞する時期があります。

　この伸びる時期と停滞する時期を表しているのが学習曲線（シグモイド曲線）といい、停滞している状況を学習高原（プラトー）といいます。

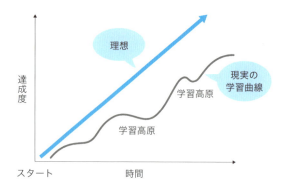

　これはブログも同様で、はじめたばかりの時期は成果が見えづらいことが多いです。最初から大きな成果を出せる人は少数です。**でも、文章を書くことを続けていれば、ふっと伸びる瞬間があります。**それはアクセス数などの定量的な数値に限らず、生活の中で自然と書きたいことを思いつくようになったり、わかりやすい文章を書けるようになったりと、定性的な能力アップを感じることもあります。

　すぐに結果が出ないとやる気が続かないのが人間です。練習量と成果は正比例して伸びてほしいと思うのです。多くの人がこの「練習量と成果は正比例しない」ということを知らず、結果が出ないことに嫌気がさしてやめてしまうのです。

　でも、この学習曲線の傾向を知っているだけで、**「今はこれから伸びるための準備期間なんだ」**と認識して、モチベーションを維持することができます。

　本書ではブログ運営のノウハウを紹介していますが、そのノウハウ通りに行動したとしても、すぐに結果が出るとは限りません。モチベーションが途切れそうなときは、ぜひこの項目を読み直して、また一歩進んでみてください。

　ようこそ、成長曲線の世界へ。

 Point！

- 新しいことをはじめるにはエネルギーが必要
- 毎日少しずつの「妥協」や「努力」は、積み重なると大きな違いになる
- 努力と結果は正比例せず、停滞と成長を繰り返す

02 質のよい記事とはどんな記事?

 読者は何が知りたくて検索するのか

「ブログで稼ぐためには質のよい記事を書きましょう!」と言いますが、それでは何をもって「質がよい」とするのでしょうか。

見た目のきれいさや整った文章……といった話も間違いではありませんが、私は何より**「記事内で読者の検索意図に沿った答えを提示できているかどうか」**が重要だと考えています。

多くの場合、**読者は悩みや疑問を解決するために検索して記事にたどり着きます**。その記事に求めている情報があれば、読者は「ためになった」「読んでよかった」と評価するでしょう。

例えば、私は自分のブログで「東京にあるヨガスタジオで、通い放題のプランがある場所」をまとめて紹介した記事を書いています(`URL` https://www.suzutaro.net/entry/yoga-hotyoga-free-tokyo)。

この記事を書いたときに想定した検索キーワードは「東京 ヨガ 通い放題」です。これは、「東京にあるヨガスタジオで月額の通い放題プランが利用できるところを知りたい」といった読者(ヨガを習慣としている人)の意図を想定したものでした。

また、読者はその中でもさらに、「料金が安いスタジオ」や「評判のよいスタジオ」を知りたいだろうと考え、東京の通い放題プランのあるヨガスタジオを「おすすめ順」「料金順」でそれぞれランキングにして紹介しました。

相手に合わせて説明する

　ヨガについて記事を書くにしても、**想定する読者が初心者か上級者かによって、その内容や解説の詳しさが変わってきます。**先ほど例に挙げた記事は、すでにヨガをやっていて、さらに練習量を増やしたい中級者向けです。しかし、これを初心者向けに書くなら、できるだけ専門用語は使わず、「ヨガをやるメリット」「体験レッスンを受けられるスタジオ」などを紹介してもよいでしょう。

　読者の求めている答えを提示するためには、その記事の読者の立場になって考えることが必要です。iPhoneの新機種を紹介する記事なら具体的な数字や使ってみた感想が求められているでしょう。レストランの紹介記事なら料理のジャンルや写真、駅からのアクセスなど、遠方の人やはじめてお店に行く人でも理解できるように考えて記事を作成しましょう。

　読者像の考え方は、次ページで詳しく紹介します。

 Point！

- 質のよい記事＝読者の求める答えを提示できている記事
- 読者は何を知りたいのか、相手の立場に立って考える
- 読者のレベルによっても、適した書き方は異なる

03 読者像(ペルソナ)を絞り込む

リアルな読者像を設定する

　ブログのアクセス数や収益を増やすためには、**読者が「どんな人か」「何を考えているのか」を意識する**ことが大切です。顧客像（ここでは読者像）を実在する人物のように詳細に作り込むことを、マーケティング用語で「ペルソナ」と呼びます。

　ブログは運営者の好きなように書ける媒体ですが、収益を上げることを考えるならば、**特定の誰かに刺さる記事**を書くほうが効果的です。ペルソナを設定する作業を通して、自分の記事がどのような人に共感してもらえるのか、喜んでもらえるのかを探っていきましょう。

　ペルソナを設定する際には、少なくとも以下の項目について具体的に考えましょう。**ペルソナが実際の読者に近いリアルなものであればあるほど、狙った相手に共感や好意を持ってもらえる記事を作ることができます。**

ペルソナを設定する際の基本項目

❶ 基本の情報（年齢、性別、住んでいる場所など）
❷ 職業や経歴（出身大学や学部、業種や役職など）
❸ 生活の様子（生活リズム、勤務時間、就寝時間など）
❹ 性格（価値観や考え方）
❺ 人間関係（恋人・配偶者・子供の有無、家族構成）
❻ 収入、貯蓄性向
❼ 趣味や興味（インドア派orアウトドア派、友人間での流行など）
❽ 流行への感度

　例えば20代半ばの女性が運営する美容系ブログであれば、次のようなペルソナを設定してみます。

▼ ペルソナ例

基本情報	原田亜衣（26歳女性）　東京都渋谷区神泉在住。
職業・経歴	立教大学を卒業後、Webマーケティング会社に勤務する。
生活の様子	職場の近くに住むが、残業が多く職場と家の往復で疲労気味。
性格	負けず嫌い。Webマーケティングの華やかそうな世界に誘われて入社したが、現実は異なり理想とのギャップに挫けている。
人間関係	彼氏なし。職場の合コンには多く参加している。
収入	月収24万円。 外食とファッション周りの出費が多く、貯蓄はほぼなし。
趣味や興味	基本はインドア派だが、SNS映えする場所ならばアウトドアも辞さない。
流行への感度	流行に敏感で新しい物好き。 SNSや雑誌で特集された限定コスメは積極的に試している。

　このようにリアルな読者像を想像することで、読者が何を知りたいのか、どのような記事を求めているのかを見極めるヒントになります。
　上記の読者像をもとに考える場合、例えば

- 2020年新発売のプチプラコスメの紹介
- 価格の割に見栄えのよいアクセサリーのまとめ
- お手頃価格で通えるエステの紹介

といった記事案を考えることができます。

「広く浅く」より「狭く深く」

　中には「ペルソナを作り込んで読者像を限定したら、読者数が減ってしまうのでは？」と考える方もいるかもしれません。
　しかし、100人の女性がいたとして、全員に当てはまる記事を書くことはまず不可能です。**広く狙いすぎて対象がぼやけてしまうよりは、特定の1人にマッチする記事を考えたほうが効果的です。**
　日本の25〜29歳の女性の人口は約300万人です。
　この中に1％でも上記のペルソナに当てはまる人がいれば、それだけで3万人がこのブログを継続して読んでくれたり、商品を買ってくれるかもしれません。
　ペルソナの設定は本来であれば、想像ではなくアクセス解析やアンケートな

どのデータをもとに行います。最初からそこまで本格的にやるのは難しいですが、自分自身や周囲の人物を参考にするなどして、できる限りリアルな人物像を考えてみてください。

▼ 同じ「ジムに通いたい人」でも、目的に応じたアプローチが必要

- 読者像は実在する人間のように、リアルに作り込む
- 万人受けする記事よりも特定の誰かにマッチする記事を書こう
- 過去の自分や周囲の人をヒントにすると考えやすい

04 悩みやコンプレックスは収益化の糸口になる

 マイナスをプラスに変える

p.54で、「人の悩みに関する記事はよく読まれる」と説明しました。「よく読まれる」ということは、「収益につながるチャンスが大きい」とも言えます。ここでは、悩みを収益に変える方法についてお伝えします。

「現状をよりよくする商品」と「現在自分の抱えている悩みやコンプレックスを解決する商品」のどちらかを選ぶ場合、多くの人が後者を選びます。これは、**「現状のプラス要素をさらに大きくする」よりも、「マイナスをプラスに変える」ほうが切実で、変化の度合いも大きいためです。**

例えば、「普通体型の男性に、よりカッコいい体型になったらモテると伝えてジムへ誘う」のと「肥満や痩せ型の体型の男性に、今のままではきっとモテないと伝えてジムへ誘う」では、後者の人のほうがジムに入会する可能性が高いのです。

前者は現状を特にマイナスだと感じていない人も多く、ジムへ通う必要性を感じにくいです。「今の体型を好む女性もたくさんいる」と考えるかもしれません。

しかし後者は、現状がマイナスであると認識することで焦りを覚えたり、変わりたいと感じることが多くなります。

一般的に、人が悩みやコンプレックスを感じるのは他人と比較しやすいものに対してです。パッと見てわかる容姿をはじめ、生活のステータスとも言えるお金・仕事・能力、人生の大きな悩みに直結する恋愛や結婚といったライフイベント関連のテーマも大きなコンプレックスにつながりやすいです。

こうしたテーマをブログで発信することは、ブログで収益を上げる糸口になります。

しかし、読者のコンプレックスを煽るだけではネガティブな気持ちにさせるだけになってしまいます。それだけで終わらずに、**「解決法」や「解決した先の未来がどうなるのか」を併せて提示することで、期待や共感を持って記事を読んでくれるようになります。**

▼「マイナス→プラス」の変化は切実で、幅も大きい

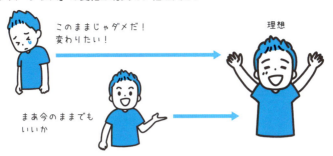

 ## あなたの悩んだ経験が武器になる

　記事にしようとしている悩みやコンプレックスが、過去にあなたが抱えていたものであった場合、それは大きなチャンスです。自分にも覚えがあることならば、悩んでいる人の気持ちもよくわかるでしょうし、「太っていた自分がジムに通って痩せたら、周りから褒められるようになって自信がついた」など、試行錯誤の過程や解決してよかったことを、身をもって示すことができます。

　悩みやコンプレックスは通常、ただのネガティブな要素です。しかし、それらをもとに書いた記事は、現在悩んでいる誰かの救いになったり、前向きな気持ちにさせるものかもしれません。

　マイナスをプラスに転換する話は、読者の興味を誘います。そして、**解決した先に待っている喜ばしい未来について伝えることで、「自分もそうなりたい！」と読者の購買意欲を高めることができるのです。**

▼ 一般論だけでは、読者には響かない

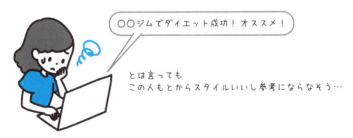

▼ 自分にも経験があるからこそ説得力が出る&親身になれる

 Point！

- 「マイナスをプラスにする話」はよく読まれる
- コンプレックスを煽るのではなく、解決に向けた提案をする
- 自分にも悩んだ経験があれば、深い記事が書ける

05 自分のプロフィールを作成する

 読者に自己紹介しよう

　ブログをはじめる際に、あなた自身のプロフィールページもしっかり作っておきましょう。自分のプロフィールを事細かに書くのは少し恥ずかしいかもしれませんが、ブログを運営していく上で大いに役立ちます。
　プロフィールを書いておくメリットは2つあります。

① **読者に興味を持ってもらえる**

　プロフィールを書いておくと、ブログを訪れてくれた読者に自分のことを知ってもらえます。多くの人は目当ての記事を読み終えたらブログから離れてしまいますが、中には記事を気に入り「書いている人について知りたい！」と思う人も出てきます（私も好みの記事やおもしろい記事を見つけると、それを書いている人がどのような人か気になってプロフィールを覗きに行ってしまいます）。
　読者があなた自身に興味を持った場合、ブログのファンになってくれるかもしれません。もしくは企業の目に留まり、仕事に発展する可能性もあるのです。そのため、プロフィールと「お問い合わせフォーム」（p.129）は必ず作っておきましょう。

② **自分の好きなことや書きたいことを再確認できる**

　もう1つは「ブログのジャンルやタイトルを決めよう！」（p.42）に近い話ですが、プロフィールを書くために自分自身を振り返ることで、自分がどんなことに興味を持っていて、ブログで何を発信したいのかを再確認できます。

プロフィールがあると読者にとっても、運営者自身にとってもメリットがあります。
　まずは丁寧に自分のこれまでの歩みや経験を振り返り、プロフィール作りに必要な情報を思い出してみましょう。

　なお、プロフィールページは、読者が見つけやすいよう「固定ページ」で作成することをおすすめします。「新規追加」ボタンをクリックして、プロフィールページを作成しましょう。

「新規追加」ボタンからプロフィールを作成

 Point!

- 自分のプロフィールを書いてみよう
- 読者に興味を持たれたり、仕事に発展するきっかけになることも
- ブログの方向性を再確認できる

06 お問い合わせフォームを設置する

読者や企業とコンタクトが取れる状態にしよう

　プロフィールができたら、お問い合わせフォームを作成しましょう。
　「自分のブログに問い合わせなんてくるの？」と思うかもしれませんが、設置しておくと、次のような連絡がくることを期待できます。

- 記事を読んだ読者からの感想コメント
- ブログと親和性の高い企業からの仕事や記事掲載依頼
- ASP（広告会社）からの商品掲載依頼

　多くの場合、最初は記事を読んだ読者からのコメントが中心になるでしょう。しかし、特定の分野で記事が上位表示されるようになると、その分野に関連した企業からの連絡も増えてきます。アフィリエイトブログの運営で重要なASP（p.18）からの連絡も、お問い合わせフォームからくることが多いです。
　WordPressでは、次の手順で簡単にお問い合わせフォームを設置できます。プロフィールと同様、お問い合わせフォームも「固定ページ」にすることをおすすめします。

プラグイン「Contact Form 7」を使って簡単設定

　「Contact Form 7」は、WordPressでお問い合わせフォームを作るためのプラグインです。WordPressの管理画面の「プラグイン」→「新規追加」からこの機能を追加することができます。もちろん無料で利用可能です。

手順 1

検索窓に「Contact Form 7」と入力すると、プラグインが表示されますので「今すぐインストール」ボタンをクリックします。

インストールが終わったら「有効化」ボタンをクリックしてプラグインを有効にします。

手順 2

プラグインを有効化すると、左メニューに「お問い合わせ」という項目が表示されるので、その中の「新規追加」をクリックします。
すると設定画面が表示されるので、必要項目を入力していきます。
基本項目のままでも問題ありませんが、項目を増やしたり、メッセージを変更したりしたい場合は以下の記事を参照してください。

AdminWeb / Contact Form 7プラグインの使い方
URL https://www.adminweb.jp/wordpress-plugin/function/index10.html

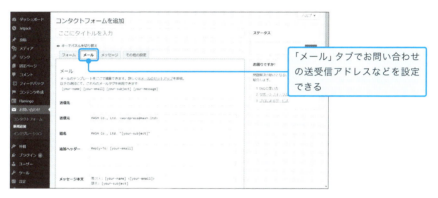

手順3

設定を終えて保存するとショートコードが表示されるので、このショートコードをコピーして、お問い合わせページの本文内に貼り付けます。

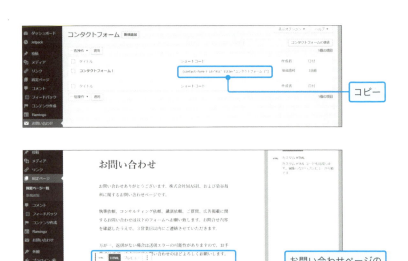

※作成した固定ページを表示するには、「外観」→「メニュー」から設定を行います。追加したいページを「固定ページ」の中から選択し「メニューに追加」ボタンをクリックしたのち、「メニュー設定」にて表示位置を選択し、「メニューを保存」ボタンをクリックするとブログのトップページから確認できるようになります。

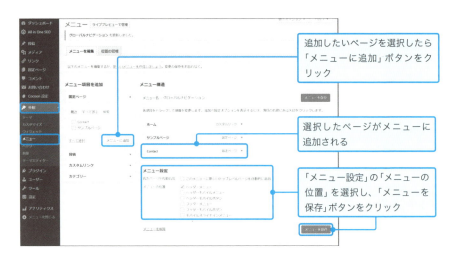

手順 4

このページを公開すれば、お問い合わせフォームの完成です。

　WordPress以外でも、無料ブログサービスの機能として提供されているものを利用したり、Googleフォームを利用したりすることも可能なので、自分の使っているブログサービスの機能を確認して、お問い合わせページを作成しておきましょう。

Googleフォーム
URL https://www.google.com/intl/ja_jp/forms/about/

 Point!

- お問い合わせフォームは必ず作っておこう
- 読者からのコメントのほか、仕事の依頼がくることも
- プラグインやGoogleフォームを使えば簡単に設置できる

07 ブログの更新頻度はどのくらいがベスト？

  毎日更新してブログを習慣にしよう

　ブログをはじめてみると、「記事の更新頻度はどのくらいのペースを保てばいいのかな？」と悩む方も多いのではないでしょうか。
　私は、**最初のうちは毎日更新することをおすすめします。**
　私自身、旅をしながらブログをはじめたばかりの時期は、ほとんど毎日記事を更新していました。それによって**「記事を書く」「継続する」という力が身についた**ことは確かです。
　今になって振り返ると、毎日の更新を目指すことで１記事あたりのクオリティが下がってしまった面もありました。それでも、やはり**最初に数をこなしたことは有意義であったと思います。**後から読み返して気になるところがあれば「リライト」（p.169）をすればよいのです。

  ブログが育ってきたら、頻度よりも質を優先に

　記事数が増えて執筆にも慣れ、継続してブログを訪れてくれる読者や、収益を生む記事が増えてきた場合は、なるべく検索意図に沿った内容の濃い記事を作成するよう、戦略を変えていきましょう。
　ブログのアクセス数は更新頻度が多いほど増加しやすくなりますが、それは検索意図に沿ったコンテンツが網羅されている記事が増えることで、検索エンジンから評価されやすくなるためです。更新頻度を上げるために内容の薄い記事で水増ししてしまうと、かえってマイナスになる場合もあります。
　記事の質を上げることを考えると、毎日の更新が難しくなるのは仕方のないことです。それでも、可能ならば３日に１回、少なくとも１週間に１回程度の更新を心がけてください。
　記事の質にこだわるあまり何ヶ月も空けてしまうと、検索エンジンから「更新性のないブログ」として認識されてしまったり、掲載している内容が古くなる可能性があります。
　何より、リピーターになってくれた読者は、あなたの記事が更新されるのを

楽しみに待っているはずです。記事の質にも気を配りつつ、1週間に1回は更新して、読者に記事を届けてあげましょう。

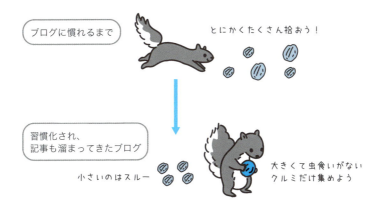

  Point!

- 最初は毎日更新を目指そう！
- たくさん書くことで習慣化＆基礎力をつけられる
- 慣れてきたら1記事のクオリティにも注目しよう

08 アクセス数と収益は必ずしも比例しない

 アクセス数が少なくても収益化は可能

　ブログを運営していると、ついつい気にしてしまうのがアクセス数です。自分が書いた記事が多くの人に読んでもらえると、それだけで嬉しいですよね。
　しかしながら、**たくさん読まれたからといって必ずしもブログから生み出される収益が増えるわけではありません。** アクセス数以上に、対象を明確に絞って提案することが、アフィリエイトで高い収益を上げるカギとなります。
　例えば、「料理教室　おすすめ」と「料理教室　体験」といったキーワードをもとに執筆された2つの記事では、前者の「料理教室　おすすめ」のほうが、単純なアクセス数は多くなります。
　これはキーワードが検索されるボリューム数を見れば一目瞭然です。前者は約6,100万件、後者は約4,800万件と、1,000万件以上も差が開いています。
　ただし、この記事に料理教室のアフィリエイト広告を設置する場合、後者のほうが収益につながる可能性が高いです（後の **p.147** で紹介する「購買意欲の高いキーワード」です）。
　「料理教室　おすすめ」で検索している人は、料理教室に興味を持ってはいますが、実際に行動に移す人はそれほど多くありません。対する「料理教室　体験」で調べている人は体験に行くことをすでに決めていて、申し込むまであと一歩の状態であることが多いです。
　アフィリエイトは、広告を見た読者が「商品を購入する」「体験に申し込む」など、何らかの行動を起こすことによって収益が発生します。記事がたくさんの人に読まれても、その多くが広告を紹介したい読者像とかけ離れたものであればあまり意味はありません。読んだ記事が気に入ったからといって、そこに貼られている広告まで熱心に見る人はなかなかいませんよね。広告を見て行動を起こすのは、「記事を読んだ全ての人」ではなく、「記事を読む前から扱っている商材に興味を持っていた人」です。記事が話題になって多くの人に読まれれば、商品を買ってくれる可能性が高い人にも届く可能性が上がるかもしれませんが、アクセス数が10倍になったから収益も10倍、とはいきません。

いっぽう、読者のほとんどが紹介している広告に強く関心を持っているという場合は、アクセス数は目立った数字でなくても安定して収益を得ることができるでしょう。個人情報を入力したり、お金を払ったりという手間を乗り越えて商品を買ってもらうには、商材に興味を持っている読者にピンポイントで記事を届ける必要があります。

▼ アクセス数よりも、需要のあるところに届けることが重要

- アクセス数が多ければよいというわけでもない
- 興味のない100人より、知りたがっている1人に届けよう

Blogger Interview

04 読み手の情報をしっかりと調査し、特定の領域でトップを目指す

（SEO対策の森）

URL https://seoer.work/　　運営者 おおき氏（Twitter：@ossan_mini）

▶おおき氏について

フリーの集客やSEOのコンサルティングをしています。集客が大得意です。また、アフィリエイトサイトをいくつか運営しているアフィリエイターでもあります。運営ブログの1つが『SEO対策の森』です。SEOに特化した内容を書いています。

過去には日系、外資系の広告代理店などかなりの数を転々としていました。

▶アフィリエイト商材の選び方と初成果のタイミング

以下の条件を全て満たすジャンルから選んでいます。

- 市場規模が大きい、または今後大きく成長するジャンル
- 超難関と言われる、医療健康以外のジャンル
- 報酬単価が比較的高いジャンル
- 予備知識のあるライターさんを探してみて見つかったジャンル

アフィリエイト開始は2002年です。初成果は2003年頃、楽天アフィリエイトでした。

金額は覚えていませんが、当時は1つのブログだけ運営しており、報酬が1ヶ月で数千円でした。最終的にこのブログで月に約10万円まで行きました。

最初の1年ほどは売上が全く発生しませんでした。アフィリエイトの教材などもほぼ存在しない時代でした。そこで当時日本で恐らく初のブログ

サービス「楽天日記」を使い、ファッション系のブログを立ち上げました。楽天日記でファッションに興味のある人たちと仲良くなっていったら、狙った訳ではなかったのですが、次第にその仲良くなった人達が買ってくれるようになりました。そのうち少しずつ有名になっていき、某巨大掲示板やテレビでも、自分が知らないうちに紹介されるようになっていました。毎日の訪問数は数百でしたが、テレビに紹介された日だけは5万〜10万件ほどの訪問数があり、アフィリエイトの報酬も跳ね上がりました。

なお、その後就職しアフィリエイトから長期間離れたため、最初のブログは放置状態になりました。ですが今でも月に楽天アフィリエイトで数万円程度の楽天ポイントを稼いでくれています。

▶アフィリエイトをする際に重要なことは？

初心者の方によくお伝えするのは、細かいSEOの知識を身につける前に、読者について詳しくなっておいたほうがよいということです。

売りたい商材を欲しがる読者が欲しい情報は何か？ その読者は何で悩む人か？ どこにいつもいるのか？ をよく調べるとよいです。

特にこれからはSNSやオフラインで、そういった商材のターゲット層の人達と繋がれると理想です。彼ら彼女らの欲しい情報が分かります。更に彼ら彼女らの間で有名になれれば、ブログを立ち上げた時のアクセス数や、アフィリエイト案件の申し込み数など、反応がまるで違います。SEOの知識を付けるのはその後で十分です。

また今アフィリエイトで苦しんでいる人の中には、読者についての知識が足りず、SEOのテクニックに頼ってしまっている人が少なくありません。細かなSEOテクニックなんてGoogleがちょっと数値を調整するだけで無力化してしまいます。それよりも読者に寄り添ったブログ運営をするほうが収益は伸びやすく、意外とSEOに好影響を与えることも多いのです。

▶これからアフィリエイトブログを始める方へのメッセージ

現代は情報が溢れています。そのため、あなたのブログにスムーズに辿り着いてもらうためには工夫が必要です。一番おすすめの方法は、まずとても狭い領域で有名になってしまうことです。

私の例を挙げておきます。最初はSEO×アフィリエイター・ブロガー向け×

中級者以上という狭いポジションを狙ってTwitterとブログで発信していました。おかげさまで、その領域で知名度が上がっていきました。その次にビジネスや広告などといった隣の領域の情報発信を行い、更に知名度を上げていく……ということを続けております。

この状態まで行くと、ありがたいことにSEOでも検索順位が上がりやすくなります。アフィリエイトも比較的楽に収益化しやすくなります。さらに、SEOや集客のコンサルティング依頼も多数頂けております。

アフィリエイトブログの初心者の方はこの状態を目指してください。細かいテクニックを覚えるよりも、狭い領域で有名になるほうがはるかに楽です。ご健闘を祈っております。

Chapter 5

ブログのアクセス数や収益を増やす（実践編）

実践編では、内部リンクやSEOのテクニックなど、私がこれまで運営してきた中で得た、役立つ知識を詰め込みました。本章を読んで実践するうちに、「キーワード」「カテゴリー」など、アフィリエイトでよく聞く用語についても、その意味や目的がしっかりと理解できることを保証します。あなたのブログの画面を見ながら、実際に試して身につけていってください！

01 SEOの基礎知識

 検索順位を上げるために必要なこと

　ブログのアクセス数や収益を増やす上で、**「SEO」は絶対に必要です。**この単語はなんとなく知っている方もいるのではないでしょうか。

　SEOとは、「Search Engine Optimization」の頭文字をとったもので、「検索エンジンにおける最適化」を意味します。自分のサイトを、**GoogleやYahoo!などの検索結果の上位に表示させるための取り組みを「SEO対策」と呼びます。**

　検索結果の上位に表示されるほど、検索エンジンからブログを訪れる人数が増えます。

　例えば、「ブログ アクセスアップ」というキーワードをGoogleで検索してみると以下のような結果となります。

　あなたが何かを検索する際、検索結果の上位にある記事やサイトから見ることが多いのではないでしょうか。多くの方は上位に表示されたものからクリックし、知りたいことが解決すればそこで検索をやめるでしょう。そのため、**検索結果の1位～10位の間でも、クリック率に大きな差があるのです。**

　Webマーケティング会社のInternet Marketing Ninjasによると、1位～

10位でのクリック率の数値の変化は次の通りです。

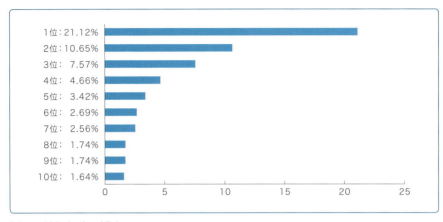

Internet Marketing Ninjas
URL https://www.internetmarketingninjas.com/additional-resources/google-ctr-white-paper.htm

　検索順位の1位と10位とでは、クリックされる確率がなんと約13倍も違います。

　あなたの記事をたくさんの人に読んでもらうためには、読者の目に留まるように検索順位を上げることも重要です。SEO対策をする上で考えるポイントには**「キーワード」「カテゴリー」**などがあります。本章では、それぞれの要素について詳しく解説していきます。

Point！

- SEOとは、狙ったキーワードで検索したときに自分のブログを検索結果の上位に表示させるための取り組み
- 検索結果の上位に表示されるほど読まれる

SEO対策 ①
02 記事にキーワードを設定する

記事タイトルにキーワードを設定する

　SEO対策でまず考えるべきポイントは、**記事のタイトルに「キーワード」を入れる**ことです。
　キーワードとは、読者が検索しそうな単語のことです。例えば、「**筋トレで二の腕を細くしたい**」と考えている人に向けた記事を書く場合、「**筋トレ**」「**二の腕**」「**痩せる**」のような単語をキーワードとして設定します。
　記事のタイトルは読者が最初に興味を持つポイントであると同時に、「検索結果に表示される部分」です。検索に引っ掛かるためには、記事のタイトルに検索されたキーワードが含まれていることが必要です。

ロングテールキーワードの重要性

　タイトルにはなるべく3語以上のキーワードを組み込むことをおすすめします。多ければよいというものではありませんが、狙った読者に届きやすくなるようなキーワードを考えましょう。
　ちなみに、1語だけのキーワードを「ビッグキーワード」、2語のキーワードを「ミドルキーワード」、3語以上のキーワードを「ロングテールキーワード」と呼びます。
　ブログをはじめたばかりの頃は特に、ロングテールキーワードを設定して対象読者を絞っていきましょう。ビッグキーワードは検索数こそ多いですが、同時に競争相手も増えるうえ、検索する人が求める情報の幅も広いため順位を上げたり、読者の求める記事を提供することは難しいです。

▼ キーワードの種類

キーワード数	呼称	例	
1語	ビッグキーワード	筋トレ	広く浅く
2語	ミドルキーワード	筋トレ　痩せる	↕
3語以上	ロングテールキーワード	筋トレ　痩せる　二の腕	狭く深く

「筋トレ」で検索する人の目的は「上半身を鍛えたい」「とにかく体を大きくしたい」「スポーツのために足を鍛えたい」「ダイエット目的で筋トレをしたい」「仕事の合間にできるメニューを知りたい」などさまざまです。

しかし、検索キーワードが「筋トレ　二の腕　痩せる」の場合、調べる目的は「二の腕痩せに効果がある筋トレ」「筋トレで二の腕を細くできるか」などに限定されるでしょう。

p.121の「ペルソナ」にも通じますが、キーワード設定においても、読者とのマッチングが重要です。

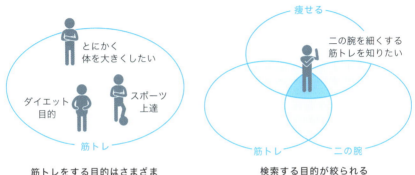

筋トレをする目的はさまざま　　　検索する目的が絞られる

SEOにおいては**「検索意図を満たしているかどうか（読者の知りたいことが記事に書かれているか）」**も評価基準となります。

そして、対象が絞られたロングテールキーワードにおいて、いくつかの記事で検索結果の上位を獲得すると、検索エンジンに「信頼性の高いサイトである」と認識され、別の記事でミドルキーワードを使った場合も検索上位を獲得しやすくなります。

私はこれを**「ロングテールキーワードでミドルキーワードを押し上げる」**と表現しています。最初からビッグキーワードで上位を狙うのは難しいですが、ロングテールキーワードで実績を積み重ねていけば、ゆくゆくはミドルキーワードやビッグキーワードで1位を獲得するのも不可能ではありません。

はじめはロングテールキーワードから、着実に順位を上げていくのがおすすめです。読者の検索意図を満たす記事を考えつつ、余力が出てきたらミドルキーワードやビッグキーワードでも上位を狙ってみましょう。

見出しとメタディスクリプションのキーワード

SEO対策で最も比重が大きいのはタイトルのキーワードですが、**記事の見出しやメタディスクリプション**にも設定しておくとより確実です（メタディスクリプションにはSEO効果がないという声もありますが、私はこちらも設定したほうがクリック率が高まると考えています）。

■ 記事の見出し

見出しとは、HTMLの\<h2\>\</h2\>タグで囲まれた部分です。以下の例では「10万円台の安いパーソナルトレーニングジム10選」という箇所が見出しにあたります。

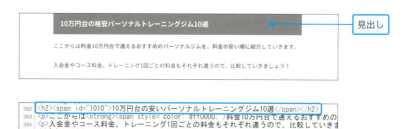

■ メタディスクリプション

メタディスクリプションとは、検索結果の記事タイトルの下に表示されている説明部分のことです。

無料のプラグイン「All in One SEO Pack」を使用すると、記事の投稿画面から簡単に設定できます。

> 2ヶ月10万円台の格安料金で通えるパーソナルトレーニングジム10選 ...
> https://www.suzutaro.net › パーソナルトレーニング ▼
> 2019/03/07 - プロの**パーソナルトレーニング**を受けてみたい・パーソナルジム・ダイエットジム へ通ってみたいという方向けに、**2ヶ月間**の料金が**10万円台**で通える**格安**ジムをまとめました！料金が安くても指導やサービスのしっかりと整ったところをまとめまし ...

— メタディスクリプション

　この記事のタイトルには「2ヶ月」「10万円」「格安」「パーソナルトレーニング」をキーワードとして設定しているため、見出しやメタディスクリプションにも同じようなキーワードを入れています。

　見出しやメタディスクリプションのキーワードはタイトルと同じでもよいのですが、**自分がタイトルに設定したキーワードと少し違う言葉で検索された場合も引っ掛かるよう、同義語や類語を設定するのもおすすめです**（無理に言葉を変えて、文章が不自然にならないように注意しましょう）。

 ## 稼げるキーワードとは？

　キーワードにも収益化しやすいものとそうでないものがあり、私は**「購買意欲の高い/低いキーワード」**と呼んでいます。

　例えば、ある2人が以下のキーワードで検索しているとします。

Aさん：「脱毛サロン　予約方法」
Bさん：「脱毛サロン　効果」

　どちらも脱毛サロンについて調べていますが、あなたはどちらが「購買意欲が高い」キーワードだと思いますか？

答えはAさんです。

　Aさんは予約方法を調べているので、「脱毛サロンに行く」一歩手前の状態です。対するBさんは脱毛効果を調べている段階で、今すぐ予約するかどうかはわかりませんね。結果的にBさんが脱毛サロンを予約する可能性もありますが、「効果を調べる」という行動が入るため、Aさんのほうが早く「予約する」という行動に移りそうです。このような、**読者の行動を想起させるキーワードは「購買意欲が高い」**と言えます。

パーソナルトレーニング　効果 🔍	パーソナルトレーニング　2ヶ月 🔍
興味はあるけれども迷っている	契約する意欲の高い状態で調べている

　ただし、必ずしも購買意欲の高いキーワードを狙うことが正解とは言えません。購買意欲の高いキーワードは成果に結びつきやすいので競争が激しく、特にはじめたばかりの人が上位を獲得するのは難易度が高いです。**激戦区で戦うよりも、自分の勝てそうなフィールドを探すほうがおすすめです。**

 単価や購買意欲の高いキーワードの厳しさ

　1件あたりの報酬が大きいキーワードや購買につながりやすいキーワードは、時間や労力を注げる専業アフィリエイターや何年もやっているベテランアフィリエイター、たくさんの人を雇って大規模なリサーチや執筆を行う企業や個人も参入してくるため、はじめたばかりの個人が狙うことはあまりおすすめできません。

　どうしても大きなキーワードに挑戦したいのであれば、並行してニッチなキーワードでも収益化を目指すなど、別の軸を持っておくとよいでしょう。

 Point！

- まずは目的のわかりやすい「ロングテールキーワード」を狙おう
- キーワードはタイトルのほか、メタディスクリプションにも設定しよう
- 購買意欲の高低にも注目しよう

Chapter 5

[SEO対策 ②]

03 記事にカテゴリーを設定する

　キーワードに次いでやるべきSEO対策に、**ブログの記事に対する「カテゴリー」の設定**があります。

　カテゴリーとは、それぞれの記事を内容ごとに分類することです。ブログを訪れた読者が特定のジャンルの記事を探しやすいようにカテゴリーを設定することは、SEOの観点でもプラスの影響があります。

カテゴリーの設定方法

　カテゴリーは、投稿画面の右側から設定できます。

　私が運営する「SuzuTarog」は、ボディメイクやフィットネスに関する記事を中心としたブログです。全体のコンセプトは「ボディメイク」ですが、その中には「筋トレ」「パーソナルジム」「ヨガ」「エステ」などの記事が存在します。

カテゴリーの設定基準

記事にカテゴリーを設定する際に大切なのは以下の2点です。

- カテゴリー名は記事の内容とマッチしたものにする
- 1記事1カテゴリーで振り分ける

カテゴリー設定のNG例
カテゴリー ＞ 自分の趣味

 上半身を鍛える
トレーニング10選

 10分でできる
レンジ調理

 ダンス教室に行ってみた
エアロビ

カテゴリー設定のOK例
カテゴリー ＞ 筋トレ

 上半身を鍛える
トレーニング10選

 自宅で使いやすい
バーベル

カテゴリー ＞ 料理

 10分でできる
レンジ調理

　例えば運営者の趣味が「筋トレ」「料理」「ダンス」だとすると、これらの3つ全てを「自分の趣味」カテゴリーにまとめてはいけません。

　「自分の趣味」というカテゴリー名からは「筋トレ」「料理」「ダンス」という内容が連想できず読者にとって不便です。また、1つのカテゴリーに異なる内容の記事が入っていることで、カテゴリーの作成意図が検索エンジンから判別できずSEO面でもマイナスとなってしまいます。

　また、1つの記事を複数のカテゴリーにまたがって設定するのもNGです。エステについて書いた記事に「ヨガ」「筋トレ」などの関連性の低いカテゴリーを設定してしまうと、検索エンジンから「関連性が乏しい記事」とみなされ、評価が下がる原因になります。

　記事の内容に合ったカテゴリーを設定し、読者がストレスなく目的の記事を見つけられるようにしましょう。

 Point！

- 記事に「カテゴリー」を設定すると、SEOにもよい影響がある
- カテゴリー名は記事の内容と合ったものにする
- 読者が記事を探しやすいように整理する

04 1記事に何文字くらい書けばいい？

 文字数が多いほうがいいの？

　はじめのうちは、1記事あたりの文字数で悩むこともあると思います。「長いほうがSEOに強い」「最低1,000文字は必要」と考えている人もいるようですが、**文字数について「○文字以上がベスト」という正解はありません。**

　必要な文字数は、その記事で扱うキーワードや、伝えたい内容によって変わってきます。例えば、同じ「旅行」に関する記事でも、「お得な宿の探し方」と「素晴らしい景色の魅力を伝える」ではかなり差が出るはずです。

 上位のライバルが参考になる

　とはいえ、大まかにでも目安が欲しいと思う方もいるでしょう。

　そのようなとき、**私は自分が書こうとしているキーワードで検索して、上位に表示される記事を参考にしています。**

　現在上位に表示されている記事の文字数にただ寄せるのではなく、あなたが狙うキーワードにおける読者の検索意図と照らし合わせて、上位記事に不足している情報、もしくは余分な情報がないか探し、参考にした記事を自分なりに

151

ブラッシュアップしましょう。

　結局は**「読者が知りたいことが過不足なく伝わる」**ことが重要です。文字数を増やすことに捉われると冗長になったり、余分な情報が入って記事の質が落ちてしまうので、あまり考えすぎないのがベストです。

 Point!

- 記事の内容によってベストな文字数は異なる
- 迷ったらそのキーワードで上位表示されているページを参考にしよう

1万字の大作を書いたけど
一晩おいてから見たら半分でよかったな……
書き直そう

05 効果的な画像の使い方

 もっと伝わる・説得力のある記事にするために

　ブログをより読みやすくしてくれるのが写真やイラストです。**画像を用いて説明することで、記事の内容によっては格段に伝わりやすくなります。**

　例えば、ボディメイクに関する記事が中心である私のブログでは、「トレーニングをして以前より筋肉がつきました！」と文章だけで説明しても充分に伝わらないため、トレーニング前後の写真を用いるようにしています。**写真を見て以前よりも腕が太くなっていたり、体から脂肪が減ってカッコいい体型になっていたら、説得力が出ますよね。**

　私は次のような場面で、画像を入れるよう意識しています。

- 美しい風景やデザインなど、ビジュアル重視のものを説明するとき
- 人の細かい表情や仕草を表現するとき
- 商品や料理など、その記事で扱っているものを見せるとき

▼ 例：疑っている表情をアピール

また、画像を記事に挿入するタイミングですが、私は大抵、**文章で説明した直後**に入れています。**いきなり画像が出てくるよりも、事前に説明文があったほうが読みやすくなるためです。**

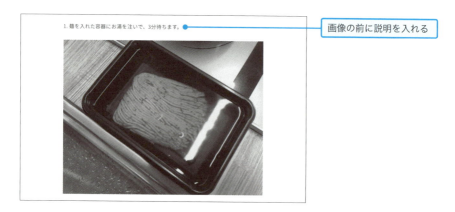
画像の前に説明を入れる

　紹介した製品やサービスを購入してもらうには、読者がその魅力を充分に理解できるような記事にする必要があります。
　画像をうまく取り入れることで、文字だけでは取りこぼしてしまうような情報も伝えられますし、パッと見たときの印象もアップします。入れるタイミングや頻度など、いろいろと試してみましょう。

Point！

- 画像を使うと文字では表現しきれない情報も伝えられる
- 効果的な使い方を探してみよう！

06 装飾や余白を使いこなして見やすい記事にする

アフィリエイトブログは、クリックして開いた際の読みやすさも重要です。文字の装飾や余白を工夫すると、記事を読みやすく、かつ伝えたいところを目立たせることができます。

流し読み・拾い読みでも伝わる記事に

多くの読者は内容を流して読んだり、自分の知りたいところだけを抜き出して読んでいます。どれだけ役に立つことが書かれた記事でも、文章がひたすら画面いっぱいに綴られていて読みにくかったら、中身を見る前に離脱してしまうかもしれません。

そのため、**内容のまとまりで区切ったり、重要な部分を目立たせてあげる**とよいでしょう。次の例では、サービスを契約したときにもらえる商品のリストを枠で囲ったり、商品が到着するまでの期間や合計金額を文字の色を変えたり太字にするなどして強調しています。

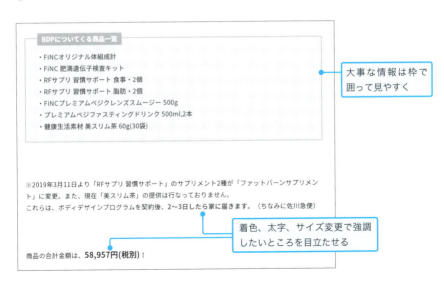

さらに、文章の読みやすさを向上させるためには「改行」や「余白」も効果的です。ぎっしりと詰まった文章は文字を追いづらく切れ目もわからないので、読んでいて疲れてしまいます。

例えば、以下の2つを比べてみてください。

改行や余白を意識していないもの

これらは5つの効果を高める方法は脱毛サロンの効果を高め、早く脱毛を終わらせるためには大事なポイントです。特に重要なポイントは施術を毛周期に合わせるという事です。毛周期は以下の4つのサイクルがあります。①ムダ毛が生えはじめる成長期Ⅰ②ムダ毛が成長する成長期Ⅱ③成長が衰えムダ毛が抜けやすい退行期④成長が完全に休止し、ムダ毛が抜け落ちる休止期
成長期になると肌の表面に20～30％の毛が出てきて、残りの毛は……

改行や余白を意識したもの

これらは5つの効果を高める方法は脱毛サロンの効果を高め、早く脱毛を終わらせるためには大事なポイントです。

特に重要なポイントは施術を毛周期に合わせるという事です。

毛周期は以下の4つのサイクルがあります。

❶ ムダ毛が生え始める成長期Ⅰ

❷ ムダ毛が成長する成長期Ⅱ

❸ 成長が衰えムダ毛が抜けやすい退行期

❹ 成長が完全に休止し、ムダ毛が抜け落ちる休止期

成長期になると肌の表面に20～30％の毛が出てきて、残りの毛は休止期か皮膚の下で育っている最中になります。

どちらも書かれている内容は同じですが、後者のほうがメリハリがあって圧倒的に読みやすいですよね。

記事をクリックして表示したときの「読みやすさ」も記事の質に大きく影響するポイントです。記事を書き終えたら、見た目の印象もチェックしましょう！

> **COLUMN　スマートフォンからも見てみよう**
>
> 　パソコン上ではきれいに表示されていても、スマートフォンの小さい画面で見ると、記事の見た目が崩れてしまうことがあります。
> 　最近はスマートフォンで調べ物をする人も多いので、記事ができたらスマートフォン上での表示も確認しましょう。
> 　WordPressのテーマには画面サイズの違いを自動的に調整してくれるものもあるので、試してみてください。

Point!

- 記事を開いたときに読みやすそうな印象を与える
- 重要なところは装飾で目立たせ、メリハリのある記事にしよう

07 内部リンクで
カテゴリー内の記事をつなげる

 内部リンクでもっと記事を読んでもらおう

　記事にカテゴリーの設定ができたら、同じカテゴリーに存在する記事どうしを内部リンクでつなげましょう。

　内部リンクとは、自分のサイト内を行き交うリンクのことを指します。内部リンクを適切に貼ることで、SEO対策にもよい影響があります。関連性の高い記事どうしを上手にリンクさせれば、読者1人あたりの行動数（記事を読む数）を増やすことができます。

　例えば、「筋トレ」のカテゴリーにある記事で、「上半身の筋トレ方法」の記事と「下半身の筋トレ方法」の記事があるならば、それはしっかりと内部リンクでつなげてあげるとよいでしょう。

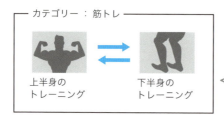

　上半身の筋トレ記事を読んだ読者は下半身の筋トレにも関心がある可能性が高いですし、もちろんその逆も同じです。

　文末などで、関連性の高い記事を「こちらもおすすめです」と紹介することで、ついでに読んでみようとクリックしてくれる可能性が上がります。

 内部リンクの設定方法

　内部リンクは投稿画面から設定できます。
　リンクを設置したい文章を選択し、その部分に同メディア内における記事のURLを設定します。これで内部リンクの設置が完了します。

これは私のブログの例です。この記事は「ヨガ初心者がスタジオを選ぶ際のポイント」について書いた記事ですが、その中で「体験レッスンを受けられるヨガスタジオのまとめ記事」を内部リンクで貼り付けています。

読者の次の行動を考える

読者が記事を読んで満足することも大切ですが、さらに**「その後どんな行動をしたくなるか」**まで考える必要があります。

先の例における私の目的は、

❶ 記事を通して初心者が気をつけるべきヨガスタジオのポイントを知る
❷ ヨガスタジオ選びのポイントを知った読者が実際に体験したくなる
❸ 次の記事を通して体験レッスンが可能なヨガスタジオを知る
❹ 読者がブログを通してヨガレッスンを予約する

といった流れを作ることでした。

ヨガスタジオ選びのポイントを知った読者の次の行動は、体験レッスンができるヨガスタジオを探し、予約することだと考えました。

そのため、内部リンクとして体験レッスンができるヨガスタジオのまとめ記事を差し込み、続けて読んでもらえるように誘導しています。
　さらに、体験レッスンができるヨガスタジオのまとめ記事には、体験に参加した読者がそのまま通いはじめるところまで想定して、オシャレなヨガウェアの特集記事をリンクさせる……など、ブログを通して読者がヨガに対する興味を高めていけるような流れを意識しています。
　適切な内部リンクの設定は、読者にとって便利であることはもちろん、SEOにもプラスに影響します。
　記事数が増えてきたら、読者の行動を考えて関連する記事どうしを内部リンクで結びつけてみましょう。より多くの記事を読んでもらえるようになるはずです。

Point！

- 同じカテゴリー内の記事を内部リンクでつなげよう
- 記事を読んだ読者の次の行動を考えよう

08 広告の選び方と効果的な設置方法

 ブログに合った広告を選ぼう

ブログの初期準備が完了し、いよいよ自分のブログでアフィリエイト広告を紹介しよう！ と思った際に悩むのが、「いったいどの広告を選んで紹介すればいいのだろう？」という点です。

ASPに登録されている広告は数百～数千種類もあります。私がブログを教えていたときにも、「たくさんありすぎて選べない！」という声をよく聞きました。

広告を選ぶ上で絶対に押さえておきたいのは、**「自分のブログのジャンルや記事の内容に合ったものを使う」**という点です。

英語学習について紹介するブログで、英語の勉強法に関する記事を書いているのに料理教室の広告を設置しても、きっと誰もクリックしませんよね。読者は料理ではなく英語学習に興味を持っているため、英会話レッスンなどの宣伝をしたほうが効果的です。

 最初は避けたほうがいい広告は？

また、入門段階ではあまりおすすめできない広告も存在します。それは1件あたりの報酬が1万円を超えるような、高額報酬が得られる広告です。

代表例として

- 脱毛
- クレジットカード
- 金融商材
- ウォーターサーバー
- 転職

などが挙げられます。

なぜ初心者がこのような高額商材を選ぶべきではないかというと、**これらの商材を狙っているのは大企業やアフィリエイト業界歴が長いベテランばかりで、**

はじめたばかりの個人が互角に戦うのは難しい領域であるためです。

スポーツに例えると、小学生の野球チームがプロの野球チームに勝負を挑むようなものです。このような難しいジャンルにおいては、数ヶ月〜1年という月日を重ねても成果を出せる保証はありません。結果が出にくくブログ運営自体がつまらなくなってしまう可能性もあるため、最初から高額商材を狙うのはやめておきましょう。

はじめての人でも成果を出しやすい広告

いっぽう、経験が少ない方でも比較的報酬を得やすいジャンルも存在します。**オンライン上でできる無料会員登録や資料請求、スクール系の無料体験申し込みなど、成果の確定地点が比較的近い商材がおすすめです。**

例としては次のようなものです。

- スマホアプリのダウンロード
- アルバイトサイトの無料登録
- 不動産などの資料請求
- 動画配信サービスなどの会員登録
- 英会話教室の無料体験申し込み
- ダンス教室の体験レッスン申し込み

上記に挙げたものの中でも、**特にスマホアプリのダウンロードやアルバイトサイトの無料登録などは、スマホやパソコンですぐに読者が行動に移すことができるため、とても成果地点が近い広告となります。**

なお、英会話やダンス教室などの体験レッスンについては、実際に読者がそのレッスンに足を運ばなければ成果として認められないものもあります。その場合、ブログの記事を読んだ時点ではそのレッスンに興味を持っていて申し込み

をしたけれど、時間の経過とともに面倒になってキャンセルする読者も一定数想定されます。この場合は成果が否認となり、報酬ももらえなくなります。

オンライン上で読者の行動が完結するタイプの広告は、1件あたりの報酬金額は高くありませんが、比較的成果が承認されやすいため、初心者の方にもおすすめです。

「外出する」「お金を払う」など、読者が実際に行動を起こす必要がある商材にチャレンジするのは、もう少し慣れてからでもよいでしょう。

効果的な広告の配置について

次に、記事中における効果的な広告の配置について紹介します。記事や広告の内容、対象読者によっても変化しますが、ある程度の法則はあります。

あくまでも基礎的なものではありますが、私が考えるおすすめの配置方法は次の図の通りです。

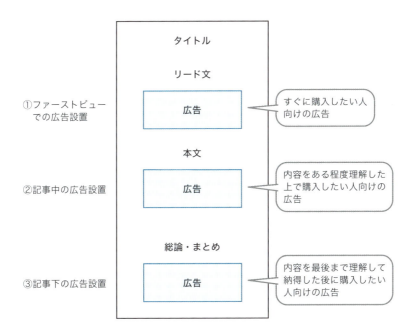

私は、記事中に3ヶ所は広告を設置することをおすすめします。

実はこの3つの設置場所にはそれぞれ意味があり、読者の属性を考慮してこのような配置となっているのです。

記事の冒頭のリード文の直後の広告は「すぐに商品が欲しい人、購入意欲の高い人」、中盤の広告は「買う意思はあるが、ある程度内容を理解したうえで購入したい人」、そして最後は「気になっているが、よく調べて納得してから購入を決めたい人」を対象にしています。

　この方法について、中には「本当にリード文直後のファーストビューで広告がクリックされるのか？」といった疑問を持つ方もいるでしょう。

　実は、**全ての読者が必ずしも、記事の本文をちゃんと読んでいるわけではありません。**「とりあえずおすすめの商品が知りたい」という読者も一定の割合でいるため、そのような人向けには記事の最初で結論としておすすめの商材を紹介し、その広告を設置しておくべきなのです。

　もちろん、その後の内容に興味を持ってくれる読者はそのまま内容を読み進めるため、2番目、3番目の広告も必要です。

　アフィリエイト広告を貼り付ける位置で迷ったときは、このやり方を参考にしてみてください。

　もちろん記事の内容によっては、この方法がうまくいかないこともあると思います。その場合は広告のクリック数やクリック率などを分析し、あなたの記事に最適なやり方を探していきましょう。

Point！

- ブログのジャンルや記事の内容とマッチした広告を使おう
- 高額報酬は魅力的だが、競争が厳しすぎるのでおすすめできない
- オンライン上で完結するような、読者の行動のハードルが低い商材がおすすめ
- 広告はターゲットごとに3ヶ所に配置してみよう！

09 記事にパーマリンクを設定する

記事のURLを決めよう

「パーマリンク」とは、記事のURLのことです。WordPressの編集画面では、記事タイトルのすぐ下に表示されます。

パーマリンクを設定する際には、次の3点に注意してください。

①記事と関連のあるキーワード（英単語）をパーマリンクに設定する

私がパーマリンクを決める際は、記事と関連するキーワードを2～3個選んで設定しています。自分が後から記事を確認・編集するときに、今どの記事を見ているかを確認しやすいですし、読者もURLだけで大まかな記事の内容を把握できて便利です。

記事を執筆した日時などをパーマリンクにしてしまうと後から見たときに不便なので、単語を入れるのがおすすめです。

パーマリンクの設定例

- 英単語を入れたもの
  `URL` https://www.suzutaro.net/entry/hotyoga-500yen
- 数字のみ
  `URL` https://www.suzutaro.net/entry/03182019

②日本語でパーマリンクを設定しない

　パーマリンクを日本語で入力すると、日本語の部分が文字化けしてしまい正式なURLが表示されなくなってしまいます。

　例えば、「https://www.suzutaro.net/entry/東京の500円で通えるホットヨガスタジオ」というURLを生成したとします。

　このURLはコピーしてどこかに貼り付けたときに、

「https://www.suzutaro.net/entry/%E6%9D%B1%E4%BA%AC%E3%81%AE%E3%81%8A%E3%81%99%E3%81%99%E3%82%81%E3%83%9E%E3%82%BF%E3%83%8B%E3%83%86%E3%82%A3%E3%83%A8%E3%82%AC%E3%82%B9%E3%82%BF%E3%82%B8%E3%82%AA16%E9%81%B8」

と文字化けして読めない状態のリンクになってしまうのです。

　そのためパーマリンクには英単語を入力しましょう。

③一度設定したらパーマリンクは変更しない

　ブログの記事を気に入ってくれた人が、自分のブログやSNSなどにリンクを貼って紹介してくれることがあります。

　後からパーマリンクを変更してしまうと、紹介されているリンクをクリックしても記事が表示されなくなり、新たな読者の目に留まるチャンスを逃してしまいます。これは非常にもったいないので、一度設定したパーマリンクは原則そのまま変更しないようにしましょう。

Point！

- パーマリンクには記事の内容に関連する英数字を入れる
- 日本語のURLは文字化けするので避ける
- 一度設定したパーマリンクは原則変更しない

10 ブログのデザインはシンプルでOK！

 カッコよさ ＜ 読みやすさ

　ブログをはじめる際は、きっと**「カッコいいブログにしたい」「おしゃれなデザインにしよう！」**と考えるでしょう。しかし、私はあえて、シンプルなデザインをおすすめします。

　私のブログではSNSのタイムラインを埋め込む、ヘッダーを動画にするなどの装飾を使用していません。このような仕様は確かに見栄えがよいのですが、私は**「読者にとって読みやすいこと」**を優先して外すことにしました。

▼ たくさんの装飾は、見映えはよいけれど…

　実は、私はブログをはじめたばかりの頃はデザインに凝っていました。記事を書こうとPCを立ち上げたものの、1文字も書かずに延々とブログのデザインをいじっていた……なんていう経験もあります。正直そのときは「少しでも見栄えがよくてカッコいいブログデザインにしたい！」と考えていました。

　そんなとき、某有名ブロガーさんのサイトを見ていて、**そのサイトはこだわった機能や装飾を一切使用していないシンプルなものだったのですが、とても読みやすいことに気がつきました。**

　そこで、**「ブログデザインは読者が記事を読むときにストレスにならないものがよいのではないか」**と感じたのです。

デザインに凝ること自体は悪いことではありませんが、肝心の記事がおろそかになったり、装飾が増えすぎて記事を読むのに邪魔になっては本末転倒です。
　以降、それまでブログに貼り付けていたSNSのタイムライン表記などは外し、ブログを訪れた読者が集中してすらすらと読めるデザインを心がけています。
　もしあなたがWordPressを使っているなら、WordPressに用意されている「テーマ」の使用をおすすめします。p.83で紹介したもの以外にもよいテーマはたくさんあるので、気になるものをどんどん試してみてください。

- 装飾よりも記事の執筆が優先！
- 装飾が少ないシンプルなデザインのほうが、記事を読みやすい
- WordPressのテーマは便利なのでどんどん使おう

11 リライトの意味とは？
リライトで見るポイントはここ！

 過去の記事をアップデートする

　ブログを運営する上で、必ず行ってほしいのが記事の**リライト**です。リライトとは文字通り、**いちど書いた記事を書き直す作業**のことです。

　完成させた記事を書き直すのは面倒に思えるかもしれませんが、安心してください。リライトでは最初からまるごと書き直す必要はありません。**「情報が古くなっている」「表現をもっとわかりやすくしたい」**など、気になる所だけを修正・追記すればよいのです！

　リライトで見るポイントは次の2点です。

①記載情報を最新の内容に書き換える

　インターネット上の情報は、時間が経つにつれて古くなっていきます。「〇月中に契約すれば入会金がタダ！」のような**期間限定のキャンペーン**はまさに情報の鮮度を気にする必要がありますが、**「店舗情報」なども要注意例の1つです。**

　店舗の移転や閉店など、数ヶ月〜数年単位で状況が変わる場合もあります。数年前に書いた記事をそのまま放置していると、「せっかく記事を見て出かけたのにお店がなくなっていた……」といった事態になりかねません。**公開している情報のアップデートには、細心の注意を払いましょう。**

②読者の検索意図が変化した場合は、現在求められている情報を追記する

　同じ対象物でも、**時間の流れによって求められる情報の切り口が大きく変化する場合があります。**

　検索意図が変化すると、公開済みの記事の情報と、現在必要とされている内容がずれてしまいます。

　例えば2018年中頃から、10代の学生を中心に韓国の「チーズドッグ（チーズホットドッグ）」という食べ物が爆発的に流行しました。チーズドッグが日本で知られはじめた頃の検索意図は、

　「チーズドッグってどんなもの？」「チーズドッグはどこで食べられるの？」

169

といったものでしたが、今では多くの人にチーズドッグという食べ物が認知され、食べられる場所も都内を中心にとても増えました。

その結果、現在の検索意図は「チーズドッグの作り方」が中心です。

新しい情報が出たばかりの頃と、広く認知された後では、読者が知りたいことは変化していきます。最初にチーズドッグについて「どんな食べ物か」「食べられる店舗」といった情報を記事にまとめていた場合、リライトではそこに「チーズドッグの作り方」を追記するとよいでしょう。

ブログは紙の媒体と異なり、公開した後にも自由に加筆・修正ができます。だからこそ、**定期的に内容を見直して、最新の情報を読者に届けられるようにアップデートしましょう。**

Point！

- 一度書いた記事をアップデートしてよりよい記事にしよう
- 「情報の鮮度」と「検索意図の変化」に注目する

12 ASPから問い合わせがきたら？

問い合わせには絶対に返信しよう

　ブログを運営していて、ある一定の（アフィリエイトに絡む）キーワードで検索結果の上位に表示されるようになると、アフィリエイト広告の配信会社であるASP（Affiliate Service Provider）から問い合わせがくることがあります。

　こうした問い合わせがあった場合は、必ず返信しましょう。 ブロガーさんの中にはASPから連絡があっても特に気にしていないという方もいますが、絶対に返信したほうがよいです。

　現在、私のブログには数名のASP担当者がついてくれています。その方々に

「ASPがブログに問い合わせる目的はなんですか？」

「問い合わせにはどのように対応したらよいですか？」

と聞いてみたところ、次のようなお返事をいただきました。

某クローズドASP営業Kさん
ASP側からの問い合わせの場合は、運営者に対して何らかの提案があることが多いので、時間に余裕があれば提案を聞いてみることは大事かと思います。ためになる情報を入手できる可能性が高いです。

某金融系ASP営業Yさん
提案を受ける/断るにかかわらず、返信があったほうがASP目線で印象はよいです。必ず返信をくれるとわかっていれば、今後も提案する可能性が高くなり、収益アップのチャンスにつながります。
このやり取りを続けるうちに、いつの間にか担当になることもあります。よほど的外れな提案でなければ、返信することをおすすめします！

基本的にASPからの問い合わせは、何らかの提案を目的としています。その提案を受け入れるか否かにかかわらず、まずは問い合わせに対して返信しましょう。提案が気に入らなければ、お断りすればよいだけです。

　ASPの営業さんが教えてくれた通り、**「このブロガーさんは問い合わせに必ず返信をくれる」**と認識してもらえれば、今後も継続して提案をしてくれる関係になるかもしれません。これは**自分が運営するブログに対して、広告のプロであるASPからの助言をもらえる**ことになるため大きなメリットなのです。

 ### 積極的に交流してみよう

　私がはじめてASPから問い合わせを受けたときは、**返信に加えて連絡をくれたASPの方に実際に会いに行きました。**その担当者からは、**「ASPにわざわざ足を運んで会いに行くブログ運営者は100人中に数名もいないので、直接きてくれた運営者はしっかりと記憶に残る」**と言われました（ちなみに、その時にお会いした方はそのまま私のブログを担当してくれることになりました！）。

　ASPからの問い合わせは、今後のブログ運営を飛躍的に向上させるチャンスです。もし運営するブログに連絡がきたら、必ず返信しましょう！

- ASPからの連絡は何らかの提案が目的
- ASPからの連絡には必ず返信しよう！
- 可能であれば直接会いに行くのもおすすめ

13 ブログにASP担当者がつくメリットと上手な付き合い方

ASPとのやりとりが増えてくると、ブログに対して担当者がつくことがあります。担当者がつくことはブログにとって大きなチャンスです。

ASP担当者がつくメリット

ブログに担当者がつくのは、いわばVIP待遇です。例えば、次のような嬉しい特典があります。

特別単価の案内

商品が売れたときの成果報酬が増えることです。販売実績の多いブログの運営者には、こうしたオファーがくることがあります。通常なら1件あたりの報酬が1,500円のところを特別に3,000円に上げてもらえたりすることがあります。

固定費の提案

サイトの販売実績や影響力が大きいと、1件いくらの成果報酬とは別に、広告主から月額固定費が支払われることがあります。固定費は月数万～数百万円にのぼる場合もあります。

クローズド案件の案内

一般に公開されていない、割のよい商材を紹介してもらえることがあります。

ASPや広告主が主催するセミナーへの優先参加

ASPでは、アフィリエイター向けの勉強会を開催しています（p.18）。担当者がつくことによって、人気の抽選制セミナーに優先的に参加できたり、広告主が特別に商品や業界研究のための勉強会を開いてくれることもあります。

商品手配や報酬交渉の代行

ブログで紹介する商品のサンプルをもらえたり、体験取材の手配を頼めることもあります。場合によっては特別単価や固定費の交渉も代行してくれるので、ブログの運営に集中することができます。

担当者がいなくても特別単価などをASP側に交渉することはできます。しかし、**担当者がついていると成功率はグッと上がります。**私も担当者がついてから特別単価の案件数が飛躍的に増えました。

 ASP担当者との上手な付き合い方

上記の通り担当者がつくのは、ブログ運営者にとっていいことずくめですから、上手に付き合っていきたいものです。そこで、私のブログを担当してくれている方々にインタビューして、歓迎される運営者像を教えてもらいました！

- レスポンスを返してくれる人（早いとさらに好印象）
- 特別単価などを手配したときにお礼を言ってくれる人
- ブログ運営者ならではの意見や情報を提供してくれる人

こうして見ると、**基本的なことがしっかりできる人が好まれる**ようですね。ASP担当者も人間ですので、気持ちよく付き合える運営者には積極的にお得な案件を紹介したくなることもあるでしょう。

p.172でも触れましたが、私の経験上、可能でしたら**担当者に直接会いに行くのはおすすめです。**こちらから出向くことで本気度をアピールできますし、直接話して関係を深めることで、自分にマッチした案件を紹介してもらえるなど、仕事面にもプラスになるかもしれません。

ASP担当者がついたら、遅かれ早かれ直接打ち合わせをする機会は巡ってきます。ならば、機会を作って自分から先に挨拶に行くのもよいと思います。

 Point！

- ASPの担当者がつくと、メリットがたくさんある
- 返信や挨拶など、基本的なことがしっかりできる人は好まれる

14 ASP担当者と一緒に広告主に提案してみよう

 提案は収益を増やすチャンス！

　自分のブログにASPの担当者がついたら、次はぜひ、その担当者と一緒に広告主へ提案をしてみましょう。提案する内容は、例えば以下のようなものです。

- 体験取材を申し込む
- 特別単価を提案する
- 固定費を提案する

　こうした提案をする際には、**広告主にもメリットがあることをアピールしましょう。**ASP担当者がついたとしても、広告主にメリットがない提案はできません。

　例えば、ジムやエステなどに体験取材を申し込むならば、「実際に体験することで具体的なコメントを交えたレビューができる」など、広告主が提供するサービスをこれまで以上に魅力的に紹介できることを伝えましょう。

　同時に、**どれだけ成果を増やすかという目標や、そのための戦略についても十分に伝えて、広告主に納得してもらう必要があります。**

　例えば、「これまではランキング記事の中でただ紹介していた商品を、今後はおすすめ商品として露出を増やすことで成約件数を2倍に増やす」「対象商品の特集を組み、その商品に関する記事を10記事増やすことで、成約件数を3倍にすることを目指す」などです。

　以下は私が実際に行った例です。

- ブログの目立つ部分（おすすめ掲示やバナー設置など）で商品を宣伝する
- 商品ができるまでの過程を取材し、商品の成り立ちやどれほどの手間がかかっているのかを伝える
- 取材を踏まえて実際に商品を利用・体験し、よい点・気になる点を具体的に解説する

このような提案をして、実際に1〜2ヶ月間みっちりと取材・執筆を行い、結果として1年間にわたる固定費をもらえることになりました。

 まずはやってみること

　中には**「新しい施策を試す前なのに、どれくらい成果が増えるかなんてわからないなぁ」**と自信が持てない方もいるでしょう。しかし、成果を増やすプランがない、確証がない運営者に対して広告主は単価を増やそうと思うでしょうか？

　……もちろん答えはNOですよね。

　特別単価や固定費をもらうからには、そのぶん成約件数を増やそうという意気込みも大切です。1つの施策で効果が見られなかったとしても、続けて2つ、3つと試せばいいのです。

- 提案をする際は、広告主にとってメリットがあることをアピールする
- 施策はいくつでも試せばよいので、まずは交渉してみよう！

Chapter 6

結果が出ないとき、やる気がなくなったとき

「3ヶ月以上続けているもののアクセスや収益に表れず不安になってきた」。そんなときに見直したいポイントや、あらためて思い出してほしいことをまとめました。アフィリエイトブログには、全ての人に当てはまる正解はありませんが、あなたがブログを続ける上で、本章が少しでもお役に立てば嬉しいです。

01 アクセス数や収益が上がるまでには時間がかかる

いきなり成果が出るのはレアケース

ブログを書き続けていく中で、思うように結果が出ずに気持ちが落ち込むこともあるかと思います。そんなときは第2章でお伝えした **「ブログはすぐには収益化しない、最低でも3ヶ月は時間がかかるもの」** という内容を思い出してください。

正直なところ、3ヶ月という期間で少しでもアクセス数が伸びたり収益が発生するのであれば、ブログの成長率としてはとてもすごいものなのです。

とはいえ、「3ヶ月続けて記事数も増えてきたのに、はじめた頃から見てくれる人がほとんど増えない…」「収益はもちろん、コメントの1つもこない…」といった状況では、このやり方でよいのかと不安になったり、モチベーションが下がってしまいますよね。そのため、最初のうちは特に、収益以外に着目できると継続しやすいです。

「最短で3ヶ月」について

本書ではたびたび「アフィリエイトブログで目に見える数字が出るまでには最低でも3ヶ月は必要」と書いています。

この「3ヶ月」という期間は、あくまでも「ブログが検索エンジンに認識されるまでの時間」であって、「3ヶ月あれば素晴らしい記事が書けるようになる」「稼げるキーワードを嗅ぎ当てられる」といった話ではありません。いくつもブログやサイトを運営し、勘所のわかった人でも3ヶ月はかかるという意味です。今回はじめてアフィリエイトにチャレンジする方が、「3ヶ月やったのに成果が出ない」のは、全くダメなことでも、才能がないということでもありません。焦らずに続けましょう。

手応えを感じられないときは

最初から収益が出ることは珍しいとはいえ、何らかの反応は欲しいですよね。**「どうにも手応えがないな……」** と感じるようでしたら、次の2点をチェックしてみてください。

①**同じジャンルで上位表示されている記事を研究する**

あなたが書いてきたテーマで、検索上位を獲得しているのはどのような記事でしょうか。ブログをはじめたばかりの時期に書いた記事が、いきなりトップに躍り出ることは稀です。

記事数も増えてきた今、同じテーマで上位に表示されている記事を**「文章の書き方」「読者への提案方法」「SEO対策」**などの観点で研究してみると、自分の癖や改善できるポイントが見えてくるはずです。

②**記事を読んでもらえるよう宣伝する**

はじめたばかりのブログは、検索エンジンの特性上、どうしてもアクセスが集まりにくいものです（p.30）。記事の中身がどれほどよくても、待っているだけで読者が増えるのは難しいでしょう。

そのため、**記事を書いたら、SNSでシェアしたり、友人に読んでもらったりして、積極的にアピールしていきましょう。**匿名でブログを書いている方は、ブログ用にSNSのアカウントを作成してしまえばよいのです。

 ## 続けるためには、楽しくやること

短期間でたくさんの記事を書いているうちに、ブログと向き合うことに疲れてしまったときは、少しペースを落としたり、思い切って休むのも方法です。

また、何度もお伝えしていますが、好きなこと・興味のあることをテーマに書きましょう。稼げそうだからと興味のないテーマを無理に扱い、ブログに嫌気がさしてしまうのはもったいないことです。

順調に見える人でも、最初は思うように記事を書けなかったり、結果が出ずに悩んだりした経験があるものです。**10記事…30記事…50記事…と積み重ねていくことで、以前より上手な文章表現を身につけたり、読者が興味を持つような着眼点を養うことができるのです。**

すぐにブログの結果が出なくても大丈夫です。自分自身が「楽しい」と思える形で、ブログ運営を継続していきましょう。

- アフィリエイトは結果が出るまでに時間がかかる
- 手応えが得られないときは、研究と宣伝をしよう
- 思い詰めず、楽しく続けられる方法を見つけよう

02 目標が高すぎないか

 あえて「余裕で実現できそう」な目標を考える

　ブログをはじめる際に、「ブログだけで生活する」「月間100万PV」といった目標を掲げる方がたくさんいます。向上心を持つこと自体はとてもよいことですが、これらは最初に掲げる目標としてはハードルが高すぎます。

　まずは「これくらいなら絶対できる！」と思えるような目標を考えてみましょう。また、この目標は、**「自分次第で達成できる」**性質であればなおよいです。

　例えば「月に5,000円稼ぐ」という目標を達成できるかどうかは、読者が商品やサービスを購入してくれるかどうかにかかっています。どれだけ頑張って記事を書いても、望み通りの結果が得られるかどうかは「読者」という外部要因によって変化します。

　しかし、「ブログを3日に1回更新する」ならば、自分が更新さえすれば達成できます。**読者の行動や検索エンジンをコントロールすることはできませんが、「自分がどうするか」ならある程度は思い通りにできます**（ブログに慣れてきた方でしたら、「現状はアクセス数が1,000件だが、翌月は1,500件を目指す」など、現状をベースにして目標を決めるのもよいでしょう）。

　私がブログを立ち上げて最初に掲げた目標は**「更新をやめないこと」**でした。

　私はそれほどマメなタイプではないので、「毎日更新」を目標に掲げたらきっと、ブログ記事を書くことがしんどくなってしまうと思ったためです。

　そこで、あえて「ブログの更新をやめない」という気軽な目標を立てたわけですが、**「まずはブログをやめなければ大丈夫！」という心の余裕から、自然と日々の空き時間を使ってブログを更新することが日課となり、結果的にほぼ毎日ブログを更新できていたのです。**

　ブログをはじめたばかりで記事を書くことに慣れていない段階では、「ブログだけで生活する」といった目標はあまりに遠すぎます。これは初心者に限らず中～上級者にも当てはまることですが、**今の自分の状況をもとに、現実的な目標を考えてみましょう。**無理な目標を立てて全く届かないよりは、実現可能な目標を1つずつクリアしていくほうがモチベーションも上がりますし、ブログの運営も上手になります。

検索エンジンの仕組み上、最初から数字は伸びない！

　アクセス数や収益については、**最初の３ヶ月はほぼ目立った動きはないものと考えてください。**記事の質に関係なく、新しくできたブログが検索エンジンに認識され、検索結果に表示されるまでには１〜３ヶ月のタイムラグが発生するものです。

　ちなみに、２年以上運営している私のブログでも、新しく書いた記事が反映されるまでには１ヶ月前後かかります。私はブログの数値を見ていますが、**新しい記事なら３週間〜１ヶ月、リライトの場合でも１週間ほど経ってから確認しています。**

　ブログをはじめてすぐに成果が出なかったり、更新した記事が検索結果に反映されなかったりするのは検索エンジンの仕組みゆえ仕方のないことで、**あなたのせいではありません。**最初の３ヶ月は数値のことは気にせず、記事を書くことに集中しましょう。

「毎日クルミを10個あつめる」
→天候など外部要因に左右される

「毎日クルミを探しに出かける」
→自分が行動した時点でミッションクリア

 Point！

- 最初のハードルは低くする
- 外部要因に影響されない目標を立てる
- 検索エンジンのタイムラグもあるため、結果を急がない

03 ブログの書き方や、努力の方向性を確認しよう

「3ヶ月以上続けているけどブログのアクセス数が伸びない、収益が発生しない……」といった場合は、いちど記事の書き方を見直してみましょう。**思うように結果が出ていないにせよ、3ヶ月以上ブログを続けてこられたのは、実はすごいことなのです。**あと一歩の工夫でよい動きが見られるかもしれません。

ブログは独学で学ぶ点も多いですが、それだけでは限界があります。書いた記事について**第三者からのフィードバック**が全く得られていない状態ですと、記事の書き方が間違っていても気付くのが難しくなってしまいます。

コメント欄やSNSから読者の感想を見つけられるとよいのですが、**「そもそも誰も読んでくれていない！」という場合は、あなたの狙っているキーワードで上位に表示されている記事を研究してみてください。**上位記事と比べて不足している点があったり、強力なライバルの多いビッグキーワード（p.144）を狙っていたりするなど、何らかの改善点が見つかるはずです。

記事に必要な情報が含まれているか

これまで私がブログ合宿やセミナーで初心者の方に教えてきた中で最も多かったのは、**ブログの記事が単なる「日記」になってしまっている**ケースです。

芸能人のブログなどはその人の生活の一部を見ることが目的なのでよいのですが、アフィリエイトブログは性質が異なります。

芸能人には既に多くのファンがいて、些細な日常であっても興味を持ってもらえますが、どこの誰かもわからない一般人の場合は難しいですよね。中でも、**商品やサービスを買ってもらうことを目的とするアフィリエイトブログは、「役に立った」「読んでよかった」と好感を持たれるような工夫が必要です。**

それでは、「日記」と「質のよいブログ記事」の内容の違いを比べてみましょう。例えば、有名なカレー屋さんに行ったことをブログに書くとします。

> 有名なカレー屋さんに行きました。
> 混雑していたけれど、美味しかったので並んだ甲斐がありました。

これではただの「日記」です。この文章からは、

- 有名なカレー屋さんに行った
- 混雑していて並んだ
- 美味しかった

以上の情報は得られません。カレー屋さんについて検索している人にとっては、ちょっと物足りないですね。

　私でしたら、次のように書き換えます。

> 神保町駅徒歩5分の、カレー好きたちに大人気の○○というカレー屋さんでランチを食べてみました。
> お昼前の11時半に到着しましたが、5組が待っていて、20分ほど並びました。
> お昼の看板メニューであるチキンカレーが絶品でしたが、一緒に食べたナンも焼きたてでとても美味しく、並んだ甲斐がありました。
> 食べ終わってお店を出る頃にはさらに行列が長くなっていたため、ランチに間に合わせるなら11時過ぎにはお店に行くべきだと思います。

最初に比べて情報が具体的になりました。

- カレー屋さんの情報（店名、アクセス）
- 混雑具合や待ち時間（11時半に行くと20分、12時台ではそれ以上）
- おすすめメニュー
  （看板メニューはチキンカレーで、ナンも焼きたてで美味しい）
- 今後、行きたい人にプラスαのアドバイス
  （並ばずに入るなら11時には行くべき）

　お店の名前や場所をはじめとして、時間帯による混雑具合やおすすめのメニューなど、カレー屋さんを探していたり、もしくは偶然この記事を読んでお店に行きたくなった読者が知りたいであろう内容を入れると、単なる日記や感想から「役に立つ情報」にランクアップします。

　アフィリエイトブログで成果を出すにはただ商品やサービスをすすめるだけでなく、**自分の知識や経験をもとに情報を提供したり、問題の解決策を示すなど、読者から見てメリットのある記事を書く必要があります。**

6

結果が出ないとき、やる気がなくなったとき

183

自分の記事が「日記」になっているかも……と思ったら、昔の自分もしくは考えたペルソナ（p.121）がこの記事を読んでどう思うか考えてみましょう。書いてから少し時間を空けると、客観的に見やすくなります。

優先するポイントを「量」から「質」へ

3ヶ月以上ブログを続けて記事数も増えてきた時期は、ブログの楽しさに加えて、更新を続ける難しさも感じているのではないでしょうか。

この時期ははじめたばかりの頃のような新鮮味が減り、記事の内容を考えるのも大変になりがちです。ここでブログをやめてしまう人も多いです。

せっかくここまで頑張ってきたのですから、今が踏ん張りどころ！……ではありますが、**「記事を更新すること」自体が目的になってしまうと、なかなか記事の質は上がっていきません。**

ブログは最初から成果が出るほうが珍しいですし、うまく行かなかった経験も大切ですが、「更新がしんどい上に手応えがない」期間がずっと続くのはつらいものです。

これまでずっと、「最初は数をこなして書くことに慣れよう」「ブログを習慣化しよう」とお伝えしてきました。しかし、3ヶ月以上ブログを続けて、記事もたくさん書いてきた方にとっては、これらのアドバイスはもう古いかもしれません。

3ヶ月以上ブログを続けられたということは、「ブログを習慣化する」「書くことに慣れる」というステップはクリアしています。段階が変わると戦略も変わります。**今後は「1記事あたりのコストを増やす」ことを考えましょう。**

記事を完成させるハードルが上がり更新が止まってしまうことを防ぐため、初心者の方には量をこなすようアドバイスをしていますが、ゆくゆくは記事の質も気にする必要が出てきます。

初期と比べて更新頻度が落ちても構わないので、**「ペルソナ（p.121）をより詳細に設定する」「同ジャンルの他のブログの記事を読み込む」「狙っているキーワードで上位表示されているサイトを分析する」**など、1つの記事に割く時間、**とりわけ書きはじめる「前」の段階に時間を使う**ことをおすすめします。

▼ 最初と比べて1記事にかける手間を増やす

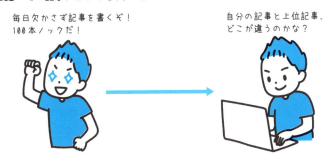

これらは私も実際にやっていることです。上位サイトを分析する際には

- タイトルのつけ方
- 見出しの内容
- 自分の記事に書かれていない要素がないか
- 読みやすい改行や装飾の仕方
- きれいで見やすい写真が使われているか

といった点をチェックし、自分の記事と比べてみてください。記事の内容をコピペするのはダメですが、「余白の使い方が上手」「難しい用語がなくて読みやすい」など、自分の記事に生かせる点はどんどん吸収してしまいましょう。

あらためて、**今あなたが「ブログが上手く行かない」と悩んでいるのであれば、それは最初のステップをクリアして前進している証拠でもあります。**次は「記事の質を向上させる」という新たな目標に向かって頑張っていきましょう！

 Point！

- 日記ではなく、役立つ情報を
- 少し更新頻度が落ちても、1記事あたりのコストを増やす
- ライバルのよいところはどんどん吸収しよう！

04 自分の興味がないテーマに固執していないか？

本章を読み進めていろいろと試したものの、「記事が思うように書けない」「記事を書く意欲が出ない」という場合は、ブログの方向性を再確認してみてください。

 興味関心は移り変わるもの

好きで選んだテーマでも、記事にできる話が尽きてしまったり、飽きてしまうこともあるでしょう。私たちは毎日たくさんの情報に囲まれて生活していますから、興味の対象が少しずつ変化することも当たり前です。

ブログのジャンルについては、「一度決めたことは貫くべき！」なんてことはありません。関心が高ければリサーチもはかどるため、記事の質も自然と上がります。毎週のように変えるのはおすすめできませんが、無理に最初に決めたコンセプトにこだわらなくても大丈夫です。

私がブログをはじめた際の記事は「海外旅行」や「旅」に関するものが中心でした。当時は実際に海外を旅しており、行く先々で知ったことや考えたことをアウトプットするために記事を書いていたのです。

しかし、旅を終えて日本に帰ってきてからは、旅のことは一切書かなくなりました。日本で過ごすうちに、「旅」は私の生活から大きくかけ離れたものに変わったためです。

その後は、以前からの趣味であるフィットネスやボディメイクにブログコンセプトを切り替えて現在に至ります。

 結局は好きなことを書くのが一番！

「途中でメインのジャンルを変えると、アクセス数や収益が減ってしまうのでは？」と不安に思う方もいるでしょう。正直なところ、SEO面ではあまり好ましくありません。また、扱う内容が変わったことで読者層も変化します。私のブログも旅からフィットネスに切り替えたことで、一時的に読者が減ってしまいました。

それでも、新しいジャンルで記事を書き続けていると、フィットネスに関心のある読者が少しずつ増えていきました。フィットネス系のキーワードで記事が上位表示されるようになると、落ちた数字も回復し、結果的に収益も増えました。

　既に終了した旅について無理に書くよりも、**今の自分の中でホットな話題であるフィットネスに軸を変えたことで、書ける記事の幅が増えました。好きなことはリサーチにも熱が入るので、より詳しい記事を書けるようになりました。**

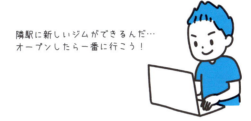

隣駅に新しいジムができるんだ…
オープンしたら一番に行こう！

　中心となる記事のジャンルを変えるデメリットは（一時的とはいえ）確かにありますが、書きたいことを書くメリットはそれ以上です。**もし、今のコンセプトがあなたの書きたいこととずれてきたり、もっと興味のあることが出てきたのであれば、思い切って新しい分野にチャレンジするのもよいでしょう。**記事の質を上げたり、何よりブログを継続するためにも、自分自身が楽しめるジャンルや運営方法を探してみてください。

 Point！

- 興味の対象が変わったら、方向性を変えるのもOK！
- 関心があるテーマは充実した記事にしやすい
- 一時的に数字が落ちても、新しいテーマで書き続ければまた伸びる

05 自己嫌悪に陥る必要はない

　ブログをはじめてから数ヶ月経ったのに、いまひとつアクセス数や収益が伸びない……そんなとき、「自分にはブログの才能がない！」「自分はブログに向いていないのかな？」と、焦ったり自己嫌悪に陥ってしまう方がいます。

 ## ブログは孤独な作業でもある

　基本的に、ブログは個人作業です。学校や会社と比べて、周りの人に相談したり、経験のある人に教わる機会は圧倒的に少ないです。
　また、**アフィリエイトブログの運営方針や成長ペースは千差万別**で、「○○したら△△という結果になる」「○年やれば△円は稼げる」というわかりやすいモデルもありません。
　1人で先の見えない作業を続ける中で、思うような手応えが得られず不安に思う気持ちはとてもよくわかりますが、ブログの成果がなかなか出ないからと、焦ったり落ち込んだりする必要はありません。

 ## モヤモヤの正体を突き止める

　とはいえ、結果がついてこないと、「自分がやっていることは無駄なのではないか」「あの人は半年で成果を上げているのに」など、焦っても仕方ないとわかっていてもネガティブなことを考えてしまうものです。
　焦りや自己嫌悪が生まれてしまうのは、「結果が出ない理由」が見えないことも一因ではないでしょうか。
　アフィリエイトブログは、記事の書き方はもちろん、コンセプト選びやタイトルの付け方、読みやすいレイアウト、リンクを貼る位置……など、考えるべきポイントが山のようにあります。
　慣れてきたとはいえども、開始から数ヶ月で自分のブログの何を改善するべきか、見当をつけるのは難しいです。地道な作業ではありますが、考えられる要因を1つずつ潰していく必要があります。
　次のポイントは私が自分自身の経験や、相談された内容をもとにリストアップしたものです。ぜひ参考にしてみてください。

コンセプト選び

- ☑ お金を使いやすいジャンル/切り口かどうか
- ☑ ライバルが強力すぎないか（ビッグキーワードを狙っていないか）
- ☑ あなたが興味を持っているテーマか

ブログ本体

- ☑ 記事のタイトルにキーワードが含まれているか
- ☑ 設定したキーワードに需要はあるか
- ☑ 字間や行間は詰まりすぎていないか
- ☑ 文字の大きさやフォントは見やすいか
- ☑ 文字色や背景色は見ていて疲れにくい色か
- ☑ 本文に合ったタイトルや見出しがついているか
- ☑ 写真や図表など、読みやすさを助ける工夫は充分か
- ☑ 余白や文字の装飾に過不足はないか
- ☑ 押し売り感のある文章になっていないか
- ☑ 文章が個性的すぎないか
- ☑ 専門用語や難しい表現が多くないか
- ☑ 目的の記事や情報をすぐに見つけられるか
- ☑ 広告やリンクが適切な位置に挿入されているか
- ☑ リンクが切れていないか

読者の動き

- ☑ どうやってブログにたどり着いたか（検索エンジン、SNSなど）
- ☑ よく読まれている記事はどれか
- ☑ 離脱率の高い（途中で読むのをやめてしまう）記事はどれか
- ☑ PCとスマートフォンのどちらで見られることが多いか
- ☑ 異なるブラウザや端末から表示してもレイアウトが崩れていないか
- ☑ 更新した記事をSNSなどで宣伝しているか

上記はあくまでも一例ですが、「なぜ結果が出ないのか全く見当がつかない」状態よりは、**「ここを変えたらよくなるかもしれない」**というポイントがはっきりすると、焦りや自己嫌悪は小さくなっていきませんか？　**一発で正解を見つけなくても大丈夫です。考えられる改善策はどんどん試してみてください。**試行錯誤を繰り返すうちに、読者に喜ばれる記事や、収益につながる記事が書けるようになるはずです。

　なお、ブログの状況をチェックするときは、**p.104**で紹介したGoogle Analyticsが非常に役に立ちます。読者がどこからあなたの記事にたどり着いたのか、何人に読まれているのか、人気のある記事はどれか…といった有益な情報を得られるので、ぜひ活用しましょう。

 ## あなたが今、考えるべきこと

　ブログは成果が出るまでに時間を要するものです。1年、2年とかかることもざらにあります。**数ヶ月で成果が出ないのは決してダメなことではないので、落ち込む必要はありません。**成果が出ている人に共通するのは才能や運、成長速度ではなく、「うまく行くまであきらめずに続けた」という点だけです。

　時間はかかるかもしれませんが、あなたのブログがどうしたら伸びるのかについて、たくさん考えて何回でも試してみてください。やってみた方法が失敗だとしても、それは原因が1つ潰せたということで、無駄にはなりません。あきらめない限りチャンスはなくならないので、どうか粘り強く続けていただけたらと思います。

- 数ヶ月で成果が出ないのは普通のこと
- 困ったら、ここに書いてあるポイントを頭から全部チェックしよう！

06 書けないときは、無理に書かなくてもいい

 「やめる」のではなく「一時休止」

「目標設定やブログのジャンルを見直してみたけれど、やっぱり書く気が起きない、書きたいことが思いつかない……」

ブログを続けていればそんな日もあります。**このようなときは、思い切ってブログから離れてみることも選択肢に入れてみてください。**

ブログを書くためには集中力が必要です。最初のうちは習慣付けのため、無理にでも更新するのも悪くないですが、ブログに慣れてきて「記事の質を重視する」段階の方にはおすすめできません。書くだけ書いたものの自分で納得がいかない……と**ブログがつらくなる悪循環にはまらないためにも、調子が出ないときには思い切って一時的に休んでみるのも一手です。**

人はいつもやっている習慣をやめると、逆にそのことが気になってやりたくなることがあります。例えば、子供の頃に病気などで学校を休んだとき、かえって学校に行きたくなった経験はありませんか？ ブログも同じように、**少し距離を置くことで「記事を書きたい！」という意欲が出てくるかもしれません。**

 続けるための上手な休み方

ときには執筆を休むことも必要ですが、**数ヶ月～1年とあまり長い期間更新をやめてしまうのは避けましょう。** 検索エンジンから古いブログとみなされてSEO面でマイナスになりますし、せっかく身につけた執筆習慣もなくなってしまいます。

休む際にはあらかじめ「1週間」「1ヶ月」のように目安となる期間を決めておくのがおすすめです。 なんとなく面倒になって休止期間がずるずると延びてしまったり、焦りや罪悪感を感じてしまうようでは意味がありません。休むと決めた期間は心置きなく休みましょう。

ところで、**ブログの記事が書けない原因として、「インプット不足」はよくあります。** 執筆を休む間に、例えば次のようなインプットに時間を割いてみてはいかがでしょうか。

- 行ったことのない場所へ出かける
- 本を読む
- 自分の趣味や好きなことを初心にかえってやってみる
- 未経験のことに挑戦する

　私の場合、ブログの性質上フィットネス系に偏ってしまいますが、新しくできたトレーニングジムや施設などに行って、フィットネス業界の新しい知識を吸収しています。

　普段なら行かないような場所に足を運んだり、新しい挑戦をすることは、いつもとは異なる刺激を与えてくれます。

　また、元から好きでやっていたことでも、再び初心にかえってやってみると、以前には気がつかなかった発見があるものです。

　数ヶ月～数年にわたって、スタートダッシュ時のペースを保ってブログを更新できる人は100人中2、3人程度です。**アフィリエイトブログは継続がものを言うため、燃え尽きてしまう前に休むことも立派な仕事です。**書かなければ……と罪悪感に押しつぶされながら書いてもきっとよい記事は書けません。根性で何としても決まったペースを維持するよりも、「書けないときは休む」「書きたくなる方法を考える」といった柔軟さこそ、長続きするコツなのです。

 Point！

- 習慣化ができているなら、少しくらい休んでも大丈夫
- 期間を最初に決めて、その間は心置きなく休もう
- 書くことを休む代わりに、インプットを増やすのもおすすめ

私がブログを通して得たもの、気をつけるべきこと

ブログをはじめたことで、私の人生は大きく変わりました。新しいことに挑戦したり、これまで出会えなかったような人と仲良くなれたりと、収入以外の面でもポジティブな変化がたくさんありました。
本章ではブログの素晴らしさや可能性、そして長期にわたって安定して楽しく運営するための注意点についてお伝えします。

01 働く時間と場所を自由に選べる

 好きなときに好きな場所で働ける

　ブログをはじめたことで得たものの1つが、**時間や場所に縛られない生活**です。現在、私は東京と山梨に拠点を持ち、2つの場所を行き来しながら生活しています。

　東京にいるときは主に打ち合せなど人とのコミュニケーションを中心に活動し、山梨では個人でできるブログ作業や、自分自身の考えを深めるために時間を使っています。

　目的に応じて場所を変えることで、自然と思考の切り替えができて、作業効率がグッと向上します。

　ブログは、インターネット環境さえあればどこにいてもできるものです。私の場合は東京と山梨という国内の2つの場所ですが、中には物価が安い海外に住んでブログ運営を行う人や、ここといった場を定めずに、さまざまな場所を転々とする生き方・働き方をしている人もいます。

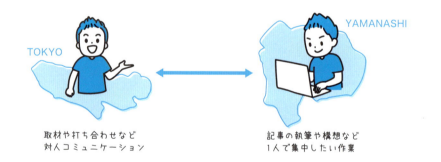

　会社員としてどこかの企業に勤める場合、大抵は決まったオフィスに通って就業時間内はその場所で勤務をしなければいけません。そのため、オフィスに通える地域に住むことが必要となります。

　私自身も会社勤めをしていたので経験があるのですが、通勤ラッシュで朝から疲れてしまったり、得意先や社内でのお酒の付き合いで、翌日の業務に支障が出ることもありました。

働く時間や場所を選ぶことができれば、満員電車に乗る必要もなくなりますし、体調が優れないときには無理に仕事をせず、ちょっと休んでから取りかかることも可能です。

 ## 自由を最大限享受するために

　時間や場所を自分の裁量で決められるのは大きなメリットですが、制約がないぶん生活がだらけてしまったり、仕事を詰め込みすぎてしまうことには注意が必要です。

　私は基本の業務時間を朝9時〜夕方18時と決めたり、事前にちゃんと休日も設けています。 自分の生活が仕事ばかりになったり、休んでばかりになることを避けるためです。

　専業ブロガーやフリーランスというと「夜中まで遊べる！」「好き放題できる！」といったイメージを持つ方も少なくありません。しかしながら、私の周りを見ていると、長く活躍している人ほど意識してメリハリのある生活を送っています。

　休んでばかりでは収益が減りますし、働きすぎて健康を損ねては本末転倒です。ブログの運営を続けていくためには、自分でよく考えて時間の使い方や生活リズムを調整することが必要です。

02 収入の増加

 収入が会社員時代の数倍になった

　私はブログを4年ほど続けています。その結果、**ブログから得られる収入は会社員時代の数倍以上になりました。**

　ブログで得られる収益は、努力次第で大きく増やすことができます。長い目で見ると、ブログに対してコミットした量は確実に収益に影響します（もちろん、サボってしまうとそれも収益に反映されます）。

　会社で働く場合、自分の給料を数万円でも増やしたいと考えると、年単位で努力し、成果を出すことが必要です。

　対してブログの運営は、戦略が的中すればたった数ヶ月で何万円も収益が増えることもざらにあります。

　私は会社をやめてからブログを立ち上げましたが、会社に行きながら副業でブログを運営して収益を得ることも可能です。

　私の知人の中にも、**会社勤めをしながら書いているブログで本業以上の収益を上げている人もいます。**そこまで行かなくとも、月給を数千円上げるより、ブログで同じ金額を稼ぐほうが簡単であることが多いです。（収益を0から数千円にできたならば、数万円、数十万円も夢ではありません。）

ラクではないけど無理じゃない

　もちろん、これまでにもお伝えしているように、ブログの成果を伸ばすためには、すぐに収益が発生しなくても諦めずに継続したり、サイトの設計や記事の構成を工夫するなどの努力は必須です。稼げるまでの過程は決してラクではないことは事実です。

　ブログは収益が発生するまでに時間がかかり、最初はどうしても心細いものです。**「何十時間も費やして練りに練った記事が数十円の売上にしかならない」なんてことも珍しくありません。**そのため、最初の収益を得るよりも前の段階で気持ちが折れてしまう人がたくさんいます。

　それでも、世の中には実際にブログで収益を得ている人が、私の他にも多くいることは事実です。決して夢物語ではありませんし、途中であきらめなければ、誰でも実現が可能です。ブログを続けるのがつらくなったときは、こうした事実を思い出してモチベーションを維持してくれたらと思います。

 最初の壁を乗り越えるまで

　アフィリエイトについて調べたことのある方なら、一度は「稼げるのはごく少数」といった発言を目にしたことがあるでしょう。確かに間違いではないかもしれませんが、もっと正確に言うなら「稼げるまで続けられるのはごく一部」です。

　しかし、あなたには「アフィリエイトは最初の収益が出るまでが大変」という知識や覚悟があります。最初の収益が出るまで、粘って続けてください！

03 能力と自信の向上

 多角的なスキルが身についた

　私はブログを４年ほど続ける中で、**できることが増えて自信がついた**と感じています。ブログは個人で行うものですので、自分１人で幅広い作業をこなす必要があります。
例えば、ブログ運営に必要なスキルを考えてみると

- WordPressのノウハウ
- Webライティング能力
- 初歩的なHTMLやCSSの知識
- SEOマーケティング
- ASPや広告主への営業力
- Webデザイン力

……などが挙げられます。
　もちろん、最初から全部が満足にできたわけではありません。最初はWordPressの最低限の設定をして、記事を書き続けられれば充分です。
　記事を書くことに慣れ、読者が増えてブログが成長すると、先に挙げたSEO、デザイン、ASPや広告主との交渉……といったことも考えるようになります。ASPの担当者や広告主とのやり取りが増えるということは、更に売り上げを伸ばす必要があるということです。そのためにSEOマーケティングの知識や、更に高度なサイト設計の知識なども求められるようになります。

学んだことを試すおもしろさ

　ブログの規模が大きくなり収益が伸びるにつれて、少しずつ試行錯誤したり、時には人に教わったりしながら、知識や技術を身につけてきました。

　私はもともと勉強が得意なタイプではありませんが、ブログに関しては「やっただけ結果につながる」ところがよかったのでしょう。自分でも驚くほどのめり込んでいきました。もちろん、試した方法が百発百中だったわけではありません。「これはうまくできた」「よく考えた」と自信を持って実行したのに、効果がさっぱりだったことも数知れずです。それでも、**トライ＆エラーを繰り返すほど、アクセス数や収益に反映されるのが楽しかったのです。**

自信があったのに効果は今ひとつ…
逆に燃えてきた！　次はあれも試そう！

　「ブログ歴4年」というのは、まだまだブロガーとしては中堅層であり、長く続けられている諸先輩方には知識面でも実績面でも及びません。

　それでも、**4年の間に自分で試行錯誤したこと、学んだことを試して成果を得られたことは、私の中では大きな自信へと繋がりました。**一時的に数字が上下しても、**それまで勉強してきたこと、試行錯誤を積み重ねて実践した経験はなくなりません。**努力して身に付けた知識や経験は、人と比べて一喜一憂することのない、安定した自信となるのです。

04 誰かの役に立っているという実感

嬉しいメッセージは原動力

「私のブログを読んでくれた人の役に立っている」という実感も、ブログを続けていてよかったと思うことの１つです。

前の章でも何度かお伝えしているように、私は記事を書くにあたって、**「読者が何を知りたいか」「何を求めてこのキーワードで検索しているのか」という点を常に考えています。**

考えたことがピタリと当たると、読者から「調べていたことがよくわかりました！」「困っていたことが解決しました！」といったメッセージをもらうこともあります。こうした嬉しいメッセージも、ブログを４年間続けてこられた大きな理由です。

自分の困った経験が誰かの助けになる

かつて海外旅行をした際に、スーツケースの鍵が開かなくなったことがありました。そのとき私はハプニングの様子と、スーツケースの鍵を開けた方法について記事にまとめました。

当時は、「きっと1,000人に１人くらいは同じような経験をする人がいるだろう」と考えていたのですが、その記事は今でも毎年GWや夏休みのような長期休みの直前になると、数十人〜数百人と、予想以上に多くの人に読まれています。

多くの人は、長期旅行用のスーツケースを年に1〜2回しか使用せず、長い間クローゼットの中にしまっています。そのため、ダイヤルの番号や鍵の開け方を忘れてしまうのです。

　そしてスーツケースの鍵が開かなくてほとほと困っていたところで私の記事を読み、記事で説明した方法で開けることができた！ といった方から、しばしば喜びのメッセージが届くことがあります。

　検索意図に沿った（人の悩みを解決できる）記事は、長期にわたって多くの人に検索され、読まれます。

　スーツケースの鍵の開け方は、私も全く同じ経験をして自分自身が大変な思いをしたからこそ書いた記事です。自分が困った経験そのものは単なるハプニングですが、**ブログに書くことで困っている人の助けになる情報に昇華されるのは本当に喜ばしく感じます。**

　記事を読んだ方から「鍵が開きました、ありがとう！」とメッセージをもらうだけで、**本当にブログ記事を書いてよかった**と思いますし、そういった声があるからこそブログを長年続けられているのかなという気持ちになります！

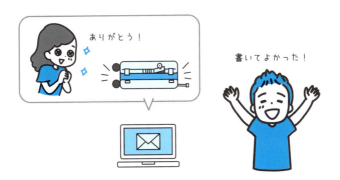

05 発信者となることによる世界の変化

 さまざまな立場の人と関わるようになった

　かつての私はビールメーカーの営業として、得意先への自社新商品の提案や販売の改善提案などを行っていました。関わる人といえば同じ企業に勤める仲間か大学時代の友人がほとんどで、職業柄、今のように情報を発信する機会もありませんでした。

　しかし、4年前にブログをはじめてからというもの、私を取り巻く環境は大きく変わりました。私と同じように記事を書いているブロガーさんやフリーランスで仕事をしている人、Webマーケティング企業で働く人などと知り合う機会が増え、**交友関係が大幅に広がった**のです。

　特に、**専業ブロガーさんやフリーランスの方々とは「自分の力で生計を立てている」という面で多くの共感点があり、意気投合して親しくなった方や、一緒にお仕事をするようになった方も多いです**。これは私にとって大きな財産です。

　さらに、私がブログ運営で培ったノウハウをSNSなどで発信をすると、ブログを教えて欲しいという声もちらほらといただくようになりました。今では、（不定期ではありますが）私が講師を務めるブログ指導合宿を開催したり、大手ASPのセミナーで講師として登壇することもあります。

　今やっていることや付き合いのある人の多くは、ブログを運営していたからこそ出会えたと言えます。

 好きなことが仕事につながった

　ブログを通してフィットネスやトレーニングに関する発信を続けていたら、ボディケア用品や小規模ジムなどを展開する企業から「ブログにレビューを掲載してほしい」と連絡が来るようになり、気がつけば大好きなフィットネスが仕事の中心になっていました（なお、このような依頼があるかどうかは、ブログの継続期間よりも、「そのブログがどのようなキーワードで検索結果の上位に表示されているか」によると考えています）。

　実際に企業のボディケア商品を試してみたり、自分の興味がある企業へ取材に

行ったりするのは本当に楽しいです。自分の好きなことを仕事につなげるツールとして、ブログは最適な選択肢の1つだと思います。

ブログは1つの手段やきっかけでしかないかもしれませんが、私は確かに、ブログで発信をはじめたことで大きな変化を経験しています。

本書を読んでくれているあなたにもぜひ、ブログでたくさん情報を発信して楽しい変化を感じてほしいと思います。最初は恥ずかしかったり、発信すること自体が難しいと感じるかもしれません。それでも、あなたの発信する情報が多くの人の目に触れることで、あなた自身の環境は確実に変化していきます。

まずはやってみること、これが最も重要なのです。

▼ ブログを書き続けていたら、教える機会もやってきた

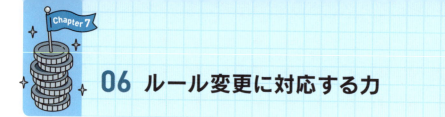

06 ルール変更に対応する力

 変更時期や内容は一切わからない

　ブログにおける「ルール変更」とは、検索エンジンのアルゴリズム変更のことを指します。

　ブログは主に、読者が入れたキーワードによる検索結果に引っ掛かることで読まれます（SNSやメールマガジンから集客する方法もあります）。

　つまり、ブログの集客は基本的に検索エンジンに依存します。検索エンジンで自分のブログがどの位置に表示されるかによって、ブログが生み出す収益が変化するのです。

　この表示位置を決めているのが、検索エンジンのアルゴリズムです。検索キーワードに対してより関連度の高いコンテンツを上位に表示するよう、アルゴリズムは必要に応じて変更されます。

▼ 読者にとって役立つ記事が上位に表示されるように変更

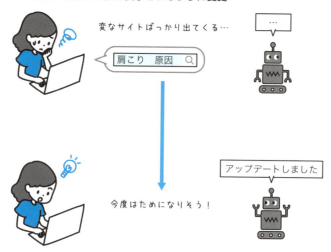

アルゴリズムの変更は通達もなく急に行われるので、**前もって対策を取ることは不可能**です。
　また、**変更箇所や変更内容についても一切公開されない**ため、私たちは変更があった後の検索結果を確認しながら、どのような記事にすれば新しいルールで上位表示ができるのかを推測していく必要があります。

 ## 順位が落ちたら、また上げるのみ！

　「昨日まで検索上位にあった記事が、朝起きたら圏外まで飛ばされていた」。こういったことは、ブログをやっているとしばしばあることです（私も何度も経験しています）。

　中には、アルゴリズム変更により順位がガクッと下がったことで心が折れてしまい、ブログをやめてしまう人もいます。確かに順位が落ちるのはショックですし、やっと軌道に乗りはじめた時期にこんなことがあると嫌になってしまう気持ちはブロガーとしてよくわかります。

　それでも、私はブログを続けてほしいと思います。はじめたばかりの、伸び悩む時期を乗り切ったならなおさらです。

　アルゴリズム変更のあおりを受けるのは、ブログを運営する以上、ほとんどの人が通る道です。**このような状況でもあきらめずに、「また検索上位を獲得しよう！」と頑張れる人は、きっとまた順位を上げることができます。**

　私にも長いこと検索結果で1位をキープしていた記事が、アルゴリズム変更によって大幅に順位が下がってしまった経験があります。

　もちろん順位が下がったことはとてもショックなのですが、結局のところ**順位が下がるというのはその記事が狙った検索キーワードに対して、検索意図を充分に満たせていないということの表れ**です。

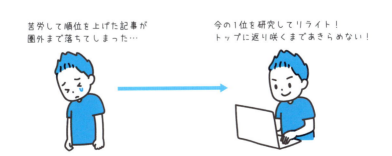

記事に書いてある情報は、日ごとに古くなっていきます。そのため、**今1位の記事でも、ずっと同じ内容でそのまま1位でいられるほうがおかしいのです。**

　もしアルゴリズムの変動で自分の書いた記事やサイトの順位が下がってしまったら、あらためて内容をチェックしましょう。その際に必ず確認すべきは「現在1位の記事」です。

　タイミングを問わず、**上位を獲得できている記事こそが、最も検索意図に沿った内容であるということです。** そして、自分の記事がそうでなければ、順位を上げられるように修正を加えていく必要があります。

　検索エンジンのルール変更をはじめとする不測の事態に対して、私たちはその都度新しいルールに対応・適応していく必要があります。

　アルゴリズムの変更で順位が下がっても、修正を行い、また上げていけばよいのです。 ここで試行錯誤したことは確実にあなたの実力になりますので、気を落とさず柔軟に対応しましょう！

07 収益の分散が必要

ブログを長く続けて勝手がわかってきて、収益も安定してくると「同じ調子で続ければ大丈夫かな」と思うかもしれません。しかし、**余裕のあるときこそ、収益を1つのブログだけに依存しないための手段を考えるべきです。**

 ブログは検索エンジンに依存するため不安定な面がある

p.205でもお伝えしたように、ブログはアルゴリズムのルール変更で突然順位が下がってしまうことがあります。メインの収益源となっている記事でも、明日は保証できません。

そのため、「副業ではじめたブログで目標としていた金額を毎月安定して稼げるようになった！ そろそろ会社を辞めてブログ一本で生活しよう！」というのは、安易にはおすすめできません。

 好調なときこそリスクヘッジを考えよう

それでも、中には**「本気でブログに挑戦して、ブログを軸として生活したい」**と考える方もいるでしょう。そういった方は特に、収益源を分散させる必要があります。

現在、生活できるほどの収益があっても、新しく収入の柱を増やすことを考えておいて損はありません。例えば、ブログに関係するスキルを使うだけでも次のようなものがあります。

- 自分自身のブログノウハウをまとめたものを販売する
- 初心者向けブロガーのコンサルティングを受けもつ
- 初心者ブロガー向けのオンラインサロンなどのコミュニティを主宰する
- 1つのブログ運営だけではなく、アフィリエイトサイトなどの複数のサイト運営を行う

もちろん、ブログとは全く異なる方向性でもよいのです。ちなみに私の場合ですが、主な収益源となっているブログの他にもアフィリエイトサイトの運営

や宿泊施設の経営、ブログ指導やイベントの開催……といくつかの仕事を掛け持ちしています。

　私はブログを4年間続けていて、それなりにブログからの収益も安定しています。それでも、「**この収入はいつなくなるかわからない」という不安は常にあります。**今どれほど調子がよくても、1つのブログの収益だけに依存するのは危険です。**余裕のあるときこそ、他にも収入を増やす手段を探し、万が一ブログからの収入がなくなっても生活を維持できるよう、収益分散とリスクヘッジを行いましょう。**

▼ ブログ以外にも収入源があると安心

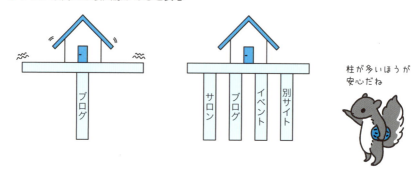

08 インターネット上のトラブルを避ける

ブログの記事がインターネット上で多くの人に読まれるようになると、突如としてアンチが発生したり、炎上したりする可能性があります。

アンチ
主に何かの意見に対して反対する人のこと。
炎上
主にインターネット上の発信についてネガティブなコメントが集中し、投稿のコメント欄がさながら燃え上がっている様子のこと。

 誰かの悪口を言ったり、バカにするのはNG

ブログに否定的なコメントがついたり、炎上するのは嫌ですよね。
安全にブログを運営するには、批判や炎上を招きやすい種類の記事を避けることが一番です。それは、**「特定の誰かを傷つけたり、侮辱したりする記事」**です。
ブログは自分の意見を述べることができるツールですが、**特定の誰かを悪く言ったり、見下すような発言は控えたほうがよいでしょう**。悪口や強い否定は言われた側を怒らせますし、何より、記事を読んでくれている読者をネガティブな気持ちにさせてしまいます。

 たくさん読まれると予想外の反応も起こる

とはいえ、**たくさんの人に読まれると、自分の意図から大きく外れた捉え方をする人も一定数出てきてしまう**ため、多少は仕方がない面もあります。
実は私も以前、海外の某有名観光地に関する記事がプチ炎上した経験があります（南米にある「鏡張り」の美しい景色が有名な場所です）。
記事の内容は、その観光地に行くためには費用と時間がかかって大変なことや、現地の料理があまり口に合わなかったこと、さらに「鏡張り」の景色を見るためにはある一定の条件が揃っている必要があり、タイミングが合わないと見られない……など、「メディアで広く紹介されている素敵な面ばかりではな

く、行くときはそれなりの覚悟や準備が必要ですよ」と伝えるものでした。

　私自身も「鏡張り」の景色は素晴らしいと思いますし、その観光地について悪く言うつもりはなかったのですが、人によっては捉え方が異なったようです。

　記事の内容について注意を払うことはもちろん大切なのですが、必要以上に気にすることはありません。

 ## 健全に運営し、堂々と構えよう

　万が一炎上してしまった場合の一番の対応方法は、**「炎上が収まるのを待つ」**ことです。

　見ず知らずの他人からネガティブなコメントが来たり、大きく誤解されたりするのは、誰だって気分のよいものではありません。反論したり、誤解を解こうとしたくなることもあるでしょう。

　しかし、自分ですぐに炎上を止めようと動くのは、大抵の場合かえって火に油です。炎上しても人の興味はどんどん移り変わり、数日もすれば気にも留められなくなっているはずです。自分に非があるならばその点は謝り、後は時間が解決してくれるのを待ちましょう。

　脅かすようなことばかり伝えてしまいましたが、**誠実なブログ運営を心がけていれば、そう頻繁に起こることではありません。**自分に対しても周囲に対してもクリーンなブログ運営をしているのでしたら、ネガティブなコメントが来ても気にせず、堂々としていればよいのです。

　インターネットも普段の生活の延長上にあるものです。**「ブログを通して誰かを攻撃しない」**といった基本的なマナーを守り、気持ちのよいブログ運営を心がけてくださいね！

210

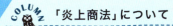
「炎上商法」について

　アクセス数を伸ばしたり知名度を上げたりすることを目的として、インターネットにわざと過激なことを書き込んで炎上させることを「炎上商法」と呼びます。全く効果がないとは言いませんが、本書ではあまりおすすめできません。

　連日、たくさんの人から否定的な言葉を投げかけられるのは、大抵の人にとってつらいものです。せっかくはじめたのですから、できるだけ楽しく運営でき、読者からも愛されるブログに仕上げていってほしいと思います。

確定申告コラム

税務署は敵じゃないし、税務調査は怖くない。
税理士 大河内薫さんに聞く、確定申告の正しいやり方

現時点では少し気が早いかもしれませんが、アフィリエイトで稼げるようになれば、税金についても知っておく必要が出てきます。

そのため、最新メディアサービスやSNSでの発信を得意とし、アフィリエイターやブロガー、Webマーケターなどのクライアントを多数抱える「日本一フリーランスに優しい税理士」こと大河内薫さんに、確定申告について教えてもらいました！

▶ 確定申告はルールだからしっかり行おう

確定申告は毎年1月1日から12月31日までの1年間に生じた所得について、翌年2月16日から3月15日（土日祝日の状況によって変動する場合もあります）までの間に所轄の税務署で行う必要があります。

確定申告 | 所得税 | 国税庁

`URL` http://www.nta.go.jp/taxes/shiraberu/shinkoku/tokushu/index.htm

基本的に確定申告は法律として、ルールとして行わなければいけないものです。

アフィリエイトで稼いだお金の一部を税金として納付しなければいけないというと、なんとなく損したような印象がありますが、稼いでいるときは税金を払っているわけではないので、そのぶんの精算をする必要があります。納税しないと法律違反（脱税）になってしまうので、しないという選択肢はありません。

会社員の給与の場合、支給される時点で所得税や住民税、社会保険料を天引きされているので税金を納付している印象は薄いですが、アフィリエイト報酬の場合はその天引きが発生していないので、自分で申告する必要があるわけです。

とはいえ、稼いだ以上に税金を支払うことはありませんので、税について学んだ上で、しっかりと申告して、堂々とアフィリエイト活動をしましょう。

ビジネスは稼ぐことが1つのゴールではありますが、法律上は納税して一区切りです。

▶ 100点満点じゃなくていいので、まず期限を守って申告しよう

一番大切なのは、期限までに申告するということです。

よくあるパターンとして、100％の申告をしようとして、必要以上に悩んでしまう人もいます。完璧を目指すのは理想ですし、完璧であることに越したことはないのですが、必要以上に100％を求めすぎない気持ちも大切です。

僕たちがサポートしているクライアントでも、自分でやって100点満点の人はいません。どこかにミスがあります。経費じゃないものが入っていたり、逆に経費になるものが入っていなかったりする場合もあります。完璧にできるのは専門家だけで、答え合わせは税務署が行う税務調査でしかわかりません。

たとえ申告書類が間違っていたとしても、税務調査で指摘された際に修正すれば大丈夫です。納付した税金が足りないこともあれば、納付しすぎていて戻ってくることもあります。

税務調査自体は怖いものではありません。一般の人の税務調査の場合、事前に連絡があって、日程を決めて、税務調査官が来て、決算書類などを確認し、不明点があれば説明して、間違いがあったら修正申告すればそれで終了です。

よくテレビで脱税などのニュースとして取り上げられるのは悪意があったからです。過度に恐れず、過度に完璧を求めず、やれる限りのことをやりましょう。

▶確定申告の手順

■ 確定申告の必要がある人は？

確定申告を行う必要があるのは次のような人です。

1. ブログやアフィリエイトで生計を立てている人（専業でやっている人）
2. 副業所得が年間20万円を超える会社員

アフィリエイトやGoogle AdSenseなどの収入で生計を立てている人は「必ず」申告してください。

会社員（給与所得者）でも、年間20万円を超える副業からの所得がある人は確定申告をする必要があります。収入の内訳は、アフィリエイトでも、Google AdSenseのようなクリック報酬型のサービスでも、アルバイトでも一緒です。年間20万円を超える副業収入を得ている場合は、必ず確定申告の手続きを行いましょう。

また副業収入が20万円を超えていなくても、報酬から源泉徴収などの天引きがされている場合、申告することで還付が受けられることもあります。20万円を超えていない場合は、確定申告は義務ではないため「数千円の還付のために面倒」と思う方はやらなくても問題はありません。ただし、20万円以下の場合も、確定申告とは別に住民税の申告は必須なので、お住まいの市区町村に問い合わせて確認してください。

■ 申告期限は守ろう

確定申告は3月15日までに最寄りの税務署に申告しましょう。期限ギリギリになると税務署も混雑してくるので、なるべく早い準備と申告を心がけましょう。相談するにしても、混雑しているときよりも空いているタイミングのほうが落ち着いて話ができます。

万が一、申告が遅れた場合でも無申告は避けましょう。期限後申告でも申告を行わないよりはるかによいです。要件によっては無申告加算税が課されない場合もあります。

■ 経費にできる項目

経費はブログで収益を得るために要したぶんだけ計上できます。ただし、何でもかんでも経費にするのはやめましょう。経費に該当するものは、次

のようなものです（※全額経費として計上するには、ブログ運営のための
用途のみに使っていることが条件となります）。

消耗品費

10万円以下のパソコン、デジタルカメラ、プリンター、インク、パソコ
ンソフトなどが該当します。なお10万円以上のパソコンなどについては、
減価償却資産として減価償却を行う必要があります。

新聞図書費

ブログ運営業務に必要な関連書籍、情報誌、新聞などの購入代金。

通信費

インターネット回線・プロバイダー費用、レンタルサーバー代金、独自ド
メイン代金など

旅費交通費

ブログ運営関連の勉強会やイベントに参加するための交通費・宿泊費など

雑費

勉強会やセミナー、イベント、ワークショップなどへの参加費、振込手数
料など

■ ポイントや電子マネーも収入として計上しよう

意外と忘れがちなのがポイントです。楽天スーパーポイントを代表とした
ポイントも収入として計上する必要があります。楽天キャッシュは電子マ
ネー扱いなので、もちろん計上する必要があります。ポイントという言葉
だと収入という意識が低くなりますが、お金と同等の扱いになります。
また、一部では「ポイントは使ったときに収入とみなされる」という見解も
ありますが、原則的にはポイントを受領した時点で収入発生となりますの
で、申告漏れのないようにしましょう。

■ 不明点があったらとにかく最寄りの税務署に相談しよう

確定申告の手続きでわからないことがあったらとにかく最寄りの税務署に
相談しましょう。書類の書き方や、収入や経費の算出法について正式回答

を受けられます。ただ、先ほども書きましたが、確定申告期限が近づくと窓口が混雑しますので、なるべく早い時期に相談に行きましょう。

■ e-Taxを活用しよう

国税庁が運営するe-TaxというWebサイトを利用することで、税務署に行かなくても自宅のパソコンからインターネットを活用して確定申告の書類を提出することができます。

なお、2020年から、紙で申請すると青色申告の控除額が現行の65万円→55万円と最大で10万円少なくなってしまうため、青色申告を行うならば帳簿の電子保存、もしくは電子申告をおすすめします。

e-Taxで申告するには

- **マイナンバーカードを利用する**
- **ID/パスワードを利用する**

という2種類の方法があります。

マイナンバーカードを使う場合は専用のICカードリーダーを購入する必要があります。また後者の場合は、初回のみID/パスワードを発行するために直接税務署へ足を運ぶ必要があるので注意してください。

他にも、添付書類の提出省略（法定申告期限から5年間は税務署から提出を求められる可能性あり）、還付がスピーディー（3週間程度で処理）、24時間受付などの利点がありますので、自分の状況に合わせて活用しましょう。

▶ 申告したら還付金はもらえるの？

非常に残念なお知らせなのですが、アフィリエイトで稼いでいる人は基本的に還付金はないと思っておいたほうがいいでしょう。なぜならアフィリエイト報酬をもらう際に源泉徴収されていないからです。

アフィリエイトにおいて還付金は期待できませんが、クラウドソーシングや企業案件で仕事を得た場合は源泉徴収（税金の前払い）されていることがほとんどなので、報酬額と入金額の差を常にチェックしておきましょう。

年度末に支払調書がクライアントから送付されることもあるでしょう。その際は還付金がもらえる可能性があるので、しっかり確定申告を行いましょう。

▶ 万が一、3月15日に間に合わなかったらどうしたらいいの？

何度も言うようですが、確定申告をしないという選択肢はありません。もし期限に遅れたとしても、申告しましょう。期限後申告で無申告加算税が上乗せされる可能性がありますが、申告しなければ脱税という法律違反になります。納税程度で犯罪者になりたくないですよね。

いっぽう、還付の場合は期限が5年間です。戻ってくる可能性があるなら、年度を気にせず申告しましょう。

▶ 確定申告をスムーズに終えるためにはどうしたらいいの？

本音を言えば僕の本を読んで欲しいです笑。

『お金のこと何もわからないまま
フリーランスになっちゃいましたが
税金で損しない方法を教えてください！』

自分で確定申告を行うのであれば会計ソフトを導入するのがおすすめです。現在はインターネット環境さえあれば無料、あるいは安価で利用できるサービスも多いですし、一般的なサービスであれば「サービス名　使い方」で検索すれば使用方法は出てきます。

▼ おすすめの会計ソフト

クラウド会計ソフト freee
URL https://www.freee.co.jp/kakuteishinkoku/

マネーフォワード
URL https://biz.moneyforward.com/tax_return

自分の中で自信のある書類ができたら税務署に提出してもいいですが、心配であれば僕たちのような税理士、あるいは税務署に相談しましょう。各地域に個人事業主の確定申告を支援する青色申告会という団体もあります。

一般社団法人 全国青色申告会総連合
URL http://www.zenaoirobr.jp/

先輩や友人など、自称「税に詳しい人」に相談する人もいますが、税の素人に聞いても意味がないのでやめましょう。

もし税理士に委託する場合は、月に1〜2万円ぐらいからお願いできる事務所が多いです。もちろん経費にすることができます。相性もあるので、いろんな税理士に話を聞いて決めるのがよいかと思いますが、最低限アフィリエイトの知識を保有している税理士にお願いしましょう。税理士から「ASPってなんですか？」と聞かれて説明していたら、時間短縮のつもりでお願いしているのに余計に時間がかかってしまいます。

もちろん僕はアフィリエイトを熟知していますので、ご連絡お待ちしております笑。

あとがき

ここまで本書をお読みいただき、誠にありがとうございました。

本書の企画が立ち上がった時に、私は1つのポイントを意識して書こうと決めていました。それは読者が自分の頭で考えて、自分にとっての成功パターンを見つけ出す助けになる書籍にしたいということです。

ブログ運営の方法や目的は人それぞれ違います。もちろん正解もたった1つではありません。世の中にはたくさんの成功パターンが溢れています。その成功パターンを学ぶことで、その中から「自分にとっての正解」を選択することができるようになります。

ブログはみなさんの人生を変える最高のツールです。情報を発信することで、自分の望む未来を自分の力でたぐり寄せることができます。現に私がそうでした。みなさんにも当てはまると信じています。

私たちの現在の仕事はブログの広告収入に加えて書籍の執筆、コミュニティ（スクール）の運営など多岐に渡ります。もちろん、最初から多様な仕事があったわけではなく、私もかつては会社勤めをしていました。ただ1点、一般的な会社員と大きく違っていたのは、淡々と何年間も情報発信を続けていたことでしょう。

ブログを書き続けている人からしてみたら気付かないかもしれませんが、発信できる、文章が書ける、人前で自分の考えを述べられる、SNSを使いこなせるのは立派なスキルです。世の中の大多数の人は、平然とした顔でそんなことはできません。

仕事柄、多くの経営者や生産者とお話する機会が多いですが、情報発信の話をするだけで非常に重宝されます。彼ら彼女らはいい製品、サービスは作れても、それを効果的に発信するやり方を知らないのです。自分のメソッドを確立している業界トップクラスの講師やセラピストでも同様です。自分たちの能力を、的確にお客さんに届けられないのです。

素晴らしいものを作っても、それを発信しなければ伝わりません。

悪いものを作ろうと思って活動している生産者はいません。製品やサービスはよくて当たり前の時代になっています。どんなお店に行っても、粗悪品や質の悪いサービスを提供しているところはほぼありません。

「当たり前」のレベルが上がっている世の中で、自分に最適な製品やサービスを求めている人に情報を届け、興味を持ってもらい、購入する理由を提案する必要があります。言い換えると、「伝える」という行動が非常に重要になってくるわけです。

情報発信力は、あなたの存在を世界に知らしめるための必須能力です。最初からうまくいく人なんてどこにもいません。一歩一歩、経験を積むことで、確実に状況は変化していきます。

私はよく「知っているけどやらない」と「知らないからできない」は全く違うという話をします。知識を持った上で「自分の意志できちんと選択している」ことが重要です。自分で選ぶ生き方と、誰かの判断に流されている、あるいはそもそも選択肢がある事にすら気づかない生き方では、1年後のポジションは大きく変わってくるでしょう。

人間は自分が知っている範囲でしか選択できません。自分が経験している、あるいは他者の経験（歴史）を学んでいるから、自分の望む未来を予測できるのです。視野が広がり、選択肢の幅が広がり、進む方向を選べるようになれば、自分の意志で生きている時間が増えていきます。結果として人生の自由度が上がるわけです。

自分の能力を高めたい、もっと豊かな暮らしをしたい、人脈を広げたい、仲間を増やしたい、老後のために蓄えを増やしたい、などなど。ブログを始める理由や目的は人それぞれ違います。ポジティブな気持ちで情報発信に取り組むことも、ネガティブな恐怖心から副収入を得ようと考えることも自由です。

新しい何かをはじめるのか、今の生活を続けるのか、選ぶのはあなたです。

「もう40代だから」「もう50代だから」と尻込みする人もいるでしょう。いまさらアフィリエイトをはじめても遅いのではないかと不安や疑問を持つ人もいるでしょう。

安心してください、手遅れなんてことはありません。スタートしようと

思ったタイミングが、あなたの人生の中で一番若い時期です。

もう一度言います。今が一番若いんです。

後回しにすればするほど、選択肢は狭まります。本書で解説しているブログ運営術であれば、勇気なんて必要ありません。あなたに必要なのは知識と、ちょっとだけの行動力です。いちど動き出せば、自転車のように加速していきます。ぜひ一歩、前へ踏み出してみてください。
もし本書がその一歩のきっかけになれたのであれば、これほど嬉しいことはありません。

本書の執筆にあたり、多くの方々に多大なご協力をいただきました。
まず共著者の鈴木太郎さん。本書の企画が立ち上がった際に共著のお願いを引き受けていただいたことで、この書籍は産声を上げました。さらに快くインタビューを受けていただいた皆さま。皆さまの経験談により、内容に厚みをもたらすことができました。そして私のセミナーに足を運んで、直接執筆を依頼してくれたSBクリエイティブの國友野原さん。國友さんの熱量が無ければ、この本は生まれることはありませんでした。改めて感謝の言葉を贈らせていただきます。

2019年11月　染谷昌利

著者プロフィール

鈴木 太郎（すずき たろう）
ボディメイクブログ「SuzuTarog」をはじめ多数のWebメディアを運営するプロブロガー&アフィリエイター。開催する初心者向けブログセミナーが親切でわかりやすいと好評を博している。メディア業以外にも、山梨県で宿泊型コワーキングスペース「五番地」を運営する。筋金入りの筋トレ好き。

染谷 昌利（そめや まさとし）
インターネット副業の先駆け的存在。ブログやアフィリエイトのほか、書籍の執筆や講演活動、コミュニティの運営、Webコンサルティングなど、多彩な仕事をこなすパラレルワーカー。

本書サポートページ
https://isbn2.sbcr.jp/01676/

カバーデザイン	三森 健太（JUNGLE）
イラストレーター	渡邉 美里（うさみみデザイン）
本文デザイン・組版	クニメディア株式会社
編集	岡本 晋吾
	國友 野原

今日からはじめて、月10万円稼ぐ アフィリエイトブログ入門講座

2019年11月27日　初版第 1 刷発行
2021年　2月20日　初版第 6 刷発行

著者 ……………………………鈴木 太郎
　　　　　　　　　　　　　　　染谷 昌利
発行者 ……………………………小川 淳
発行所 ……………………………SBクリエイティブ株式会社
　　　　　　　　　　　　　　　〒106-0032　東京都港区六本木2-4-5
　　　　　　　　　　　　　　　TEL 03-5549-1201（営業）
　　　　　　　　　　　　　　　https://www.sbcr.jp
印刷・製本 …………………株式会社シナノ

落丁本、乱丁本は小社営業部にてお取り替えいたします。定価はカバーに記載されております。

Printed in Japan ISBN 978-4-8156-0167-6